家常小炒大全

刘晓菲 主编

北京联合出版公司
Beijing United Publishing Co.,Ltd.

图书在版编目（CIP）数据

家常小炒大全 / 刘晓菲主编．—北京：北京联合出版公司，2014.4（2023.8 重印）

ISBN 978-7-5502-2698-2

Ⅰ．①家…　Ⅱ．①刘…　Ⅲ．①家常菜肴－炒菜－菜谱　Ⅳ．① TS972.12

中国版本图书馆 CIP 数据核字（2014）第 035341 号

家常小炒大全

主　　编：刘晓菲
责任编辑：李　征
封面设计：韩　立
内文排版：盛小云

北京联合出版公司出版
（北京市西城区德外大街 83 号楼 9 层　100088）
三河市万龙印装有限公司印刷　新华书店经销
字数 150 千字　787 毫米 ×1092 毫米　1/16　15 印张
2014 年 4 月第 1 版　2023 年 8 月第 3 次印刷
ISBN 978-7-5502-2698-2
定价：68.00 元

家常烹调三十六计，旺火快炒最为普及，小炒最能体现中式菜肴“色、香、味、形”的诱人特质。中国老百姓的餐桌上，小到亲友小聚，大到婚丧嫁娶，素小炒、肉小炒、荤素搭配炒，都必不可少。一道道精致可口的美味热炒也最让人念念不忘，比起山珍海味，这些日常餐桌上的滋味小炒更让离家在外的人惦记到心痒，想到就忍不住口水直淌，有一种大吃特吃的冲动。一道可口的家常小炒，不仅可以保证家人营养均衡和膳食健康，还可以让家人在品尝美食之余享受天伦之乐；一道色、香、味、形俱全的家常小炒，不仅可以让你在朋友聚会中大显身手，还可以增进朋友之间的感情。

我们都知道，在所有的食材中，蔬菜对于人们的日常饮食非常重要；蛋类和肉类营养丰富，能使人体更耐饥饿，帮助身体变得强壮；水产海鲜更是味道鲜美，营养价值极高。但是，怎样才能使素食的营养价值不流失而又使其鲜脆可口？怎样炒蛋才能嫩而不生？肉类怎么炒才最好吃？不同肉类的烹调方法有何不同？烹调水产时怎样调味和控制火候才能体现出其鲜味？

以上问题你都可以在本书中找到答案。《家常小炒大全》精选了五百多道最家常、最为人们所喜欢的小炒，无论是清爽怡人的炒田园鲜蔬、越嚼越香的肉小炒，还是鲜美诱人的炒水产，甚至是油亮可口的炒饭炒面，应有尽有。所选的菜例皆为简单菜式，材料、调料、做法面面俱到，烹饪步骤清晰，详略得当，同时配以彩色图片，读者可以一目了然地了解食物的制作要点，易于操作。即便你没有任何做饭经验，也能做得有模有样，有滋有味。其中的烹调妙招，不仅告诉你做小炒更美味的秘诀，更为你提供丰富的烹饪常识，让你做得更加得心应手。更为难能可贵的是，每道菜都标明了制作时间，每一种食材都配备了详细的食材档案，在食材的营养价值、食疗功效、选购窍门、储存之道、烹调妙招五个方面进行详细解读。

不用去餐厅，在家里即可轻松做出丰盛美食。如果你想在厨房小试牛刀，如果你想成为人们胃口的主人、成为一个做饭高手的话，不妨拿起本书。只要掌握了书中介绍的烹调基础、诀窍和步步详解的实例，不仅能烹调出一道道看似平凡却大有味道的家常小炒，还能够轻轻松松地享受烹饪带来的乐趣。

目录

1 第1部分 百变小炒

2 第2部分 素食蔬菜小炒

3 第 3 部分 菌豆养生小炒

4
第4部分
香浓肉菜小炒

〈牛杂〉

〈羊肉〉

〈羊杂〉

5 第5部分 美味禽蛋小炒

〈鸡肉〉

〈鸡杂〉

〈鸭肉〉

〈鸭杂〉

〈鹅肉〉

6 第6部分 鲜美水产小炒

7 第7部分 香炒饭、面、粉

〈炒面〉

〈炒粉〉

第1部分

百变小炒

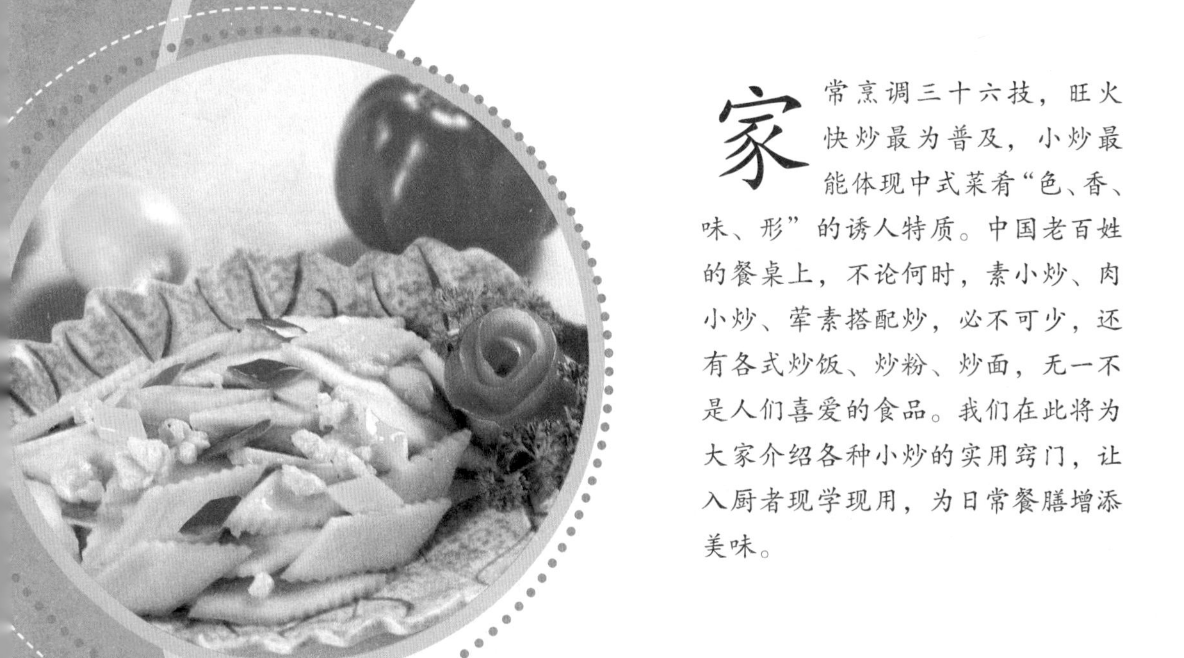

家常烹调三十六技，旺火快炒最为普及，小炒最能体现中式菜肴"色、香、味、形"的诱人特质。中国老百姓的餐桌上，不论何时，素小炒、肉小炒、荤素搭配炒，必不可少，还有各式炒饭、炒粉、炒面，无一不是人们喜爱的食品。我们在此将为大家介绍各种小炒的实用窍门，让入厨者现学现用，为日常餐膳增添美味。

炒蔬菜的若干个小窍门

如何炒青菜

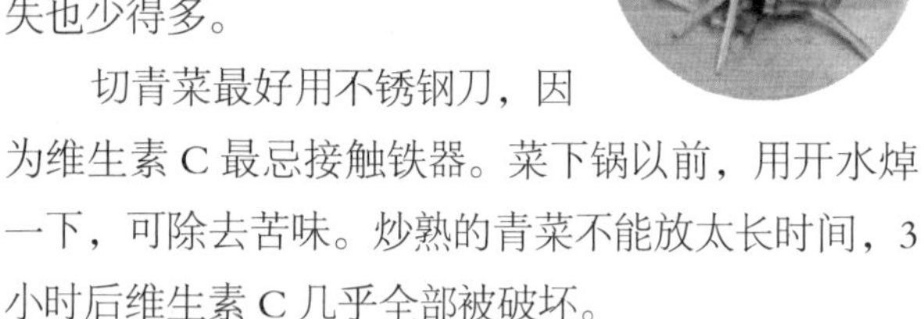

炒冻青菜前不用化冻，可直接放进烧热的油锅里，这样炒出来的菜更可口，维生素损失也少得多。

切青菜最好用不锈钢刀，因为维生素C最忌接触铁器。菜下锅以前，用开水焯一下，可除去苦味。炒熟的青菜不能放太长时间，3小时后维生素C几乎全部被破坏。

炒青菜时，应用开水点菜，这样炒出来的菜，不会影响其爽脆度。

炒菜放盐注意事项

如果用动物油炒菜，最好在放菜前下盐，这样可减少动物油中有机氯的残余量，对人体有利。如果用花生油炒菜，必须在放菜前下盐，因为花生油中可能含有黄曲霉菌，而盐中的碘化物，可以除去这种有害物质。为了使炒出来的菜更可口，开始应少放些盐，菜炒熟后再调味。如果用豆油、茶油或菜油炒，则应先放菜、后下盐，这样可以减少蔬菜中营养成分的损失。

炒菜放牛奶的神奇功效

炒菜时，如果调味料放多了，加入少许牛奶，能调和菜的味道。

炒花菜时，加入1匙牛奶，会使成品更加白嫩可口。

哪些蔬菜在炒前要简单处理

白萝卜、苦瓜等带有苦涩味的蔬菜，切好后加盐腌渍一下，滤出汁水再炒，苦涩味会明显减少。菠菜在开水中焯烫后再炒，可去苦涩味和草酸。

黄花菜中含有秋水仙碱，进入人体内会被氧化成二秋水仙碱，有剧毒。因此，黄花菜要用开水烫后浸泡，除去汁水，彻底炒熟才能吃。

如何炒出色泽美观的蔬菜

冷冻过的洋葱放入清水中浸泡，可使洋葱复鲜。切好的洋葱蘸点干面粉，炒熟后色泽金黄，质地脆嫩，美味可口。炒洋葱时，加少许白葡萄酒，则不易炒焦。

炒莲藕时，往往容易变黑，若能边炒边加些清水，就会保持成品洁白。

将冻土豆放入冷水中浸泡，然后放入加了1汤匙食醋的沸水中，慢慢冷却后，再进行炒制，这样土豆就没有怪味了。炒土豆时，要待变色后再加盐升温，否则，土豆会形成硬皮与汁液及油混在一起，成菜易碎，影响色香味。

在1千克的温水中，加入25克糖，放入洗切好的蘑菇泡12小时。泡蘑菇加糖，既能使蘑菇吃水快，保持香味，又因蘑菇浸入了糖液，炒出来味道更鲜美。

怎样炒蔬菜营养损失少

蔬菜买回家后不要马上整理

人们习惯把蔬菜买回来后就马上整理。然而，卷心菜的外叶、莴笋的嫩叶、毛豆的豆荚都是活的，它们的营养物质仍在向食用部分（如叶球、笋、豆粒）运输，保留它们有利于保持蔬菜的营养成分。整理以后，营养容易损失，菜的品质下降。因此，不打算马上炒的蔬菜不要立即整理。

蔬菜不要先切后洗

对于很多蔬菜，人们习惯先切后洗，其实这样做并不妥。这种做法加速了营养素的氧化和可溶性物质的流失，使蔬菜的营养价值降低。

正确的做法是：把叶片摘下来清洗干净后，再用刀切成片、丝或块，随即下锅。至于花菜，洗净后，只要用手将一个个绒球肉质花梗团掰开即可，不必用刀切，因为刀切时，肉质花梗团会弄得粉碎而不成形；而肥大的主花茎当然要用刀切开。

炒菜时要用旺火快炒

炒菜时先熬油已经成为很多人的习惯了，要么不烧油锅，一烧油锅必然弄得油烟弥漫。实际上，这样做是有害的。炒菜时最好将油温控制在200℃以下，使蔬菜放入油锅时无爆炸声，避免脂肪变性而降低营养价值，甚至产生有害物质。炒菜时用旺火快炒营养素损失少，炒的时间越长，营养素损失就越多。

味精要出锅前才放

炒蔬菜时，应等到出锅前再放入味精。因为味精在常温下不易溶解，在70℃~90℃时溶解性最好，鲜味最足，而且味精长时间处于高温状态会有毒素分解出来。

勾芡也有讲究

炒菜时常常用淀粉勾芡，使汤汁浓厚，淀粉糊包围着蔬菜，有保护维生素C的作用。原料表面因裹上一层淀粉，避免与热油直接接触，所以减少了蛋白质的变性和维生素的损失。蔬菜常用的是玻璃芡，也就是水要多一些，淀粉少一些，而且要用淋芡，这样就不会太厚了。

炒鸡蛋的窍门

怎样炒鸡蛋熟而不老，嫩而不生

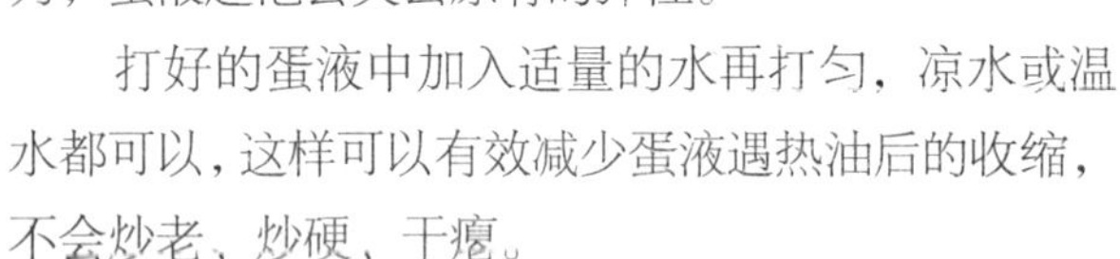

鸡蛋一定要顺着同一个方向打。

蛋液尽量打散，这样炒出的蛋体积才会较大。打蛋时，要用筷子慢慢搅拌，如果太用力，蛋液起泡会失去原有的弹性。

打好的蛋液中加入适量的水再打匀，凉水或温水都可以，这样可以有效减少蛋液遇热油后的收缩，不会炒老、炒硬、干瘪。

蛋液中加入少许白砂糖，可以提高蛋白热变性的凝固温度，延缓蛋白的老化，而且砂糖的保水性可以增加蛋的软度，使炒蛋蓬松柔软，口味更鲜美，但糖的量不宜过多。

蛋液倒入锅内，不要急着搅动，如果蛋液煮开冒泡，可以用筷子把气泡戳破，除去里面的空气，否则蛋会变硬，用这种方法炒出来的蛋细腻柔滑。

蛋液入锅，底面差不多熟的时候，锅中的温度达到最高，这时洒入适量料酒，可以去腥增香，又可以补充适量水分。

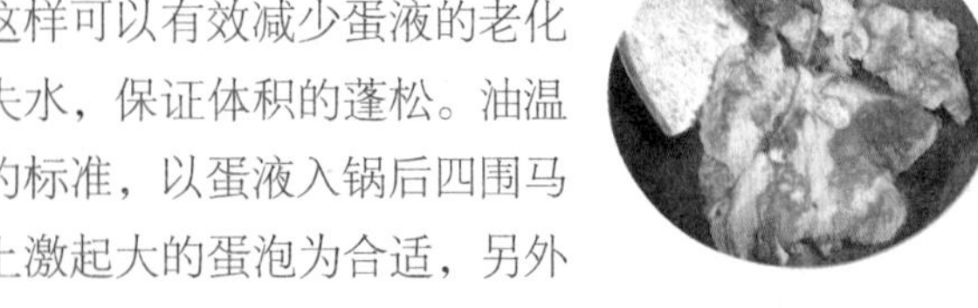

油温要高，炒制时间要短，这样可以有效减少蛋液的老化失水，保证体积的蓬松。油温的标准，以蛋液入锅后四围马上激起大的蛋泡为合适，另外不要急于翻炒，待底面差不多变成金黄色后再翻面，这样也可以有效保证炒蛋的体积。

蛋要滑嫩，在锅里的时间一定不能长，因此其他配料如果短时间内不能熟，一定要做先期处理。

炒鸡蛋时调味有文章

调味一定要按照次序，其先后顺序是黄酒、酱油、白糖、味精。

加黄酒的原理：黄酒要在炒蛋将凝固时，沿着锅边放，这样会使黄酒中的乙醇气化，与炒蛋中的油脂发生酯化反应，使之香味浓郁。

加酱油的原理：使蛋液着色、入味，是决定咸淡的一个基本味。

加白糖的原理：调味时要加点糖，这是因为糖在受热分解后能生成醛，醛基具有还原性，而且性质很活泼，容易和其他物质结合，使菜肴吃起来更可口。

加水的原理：在炒蛋过程中，锅内的温度会不断升高，到炒至成熟，蛋本身的水分蒸发殆尽，失去鲜嫩感。因此在即将成熟之际，沿锅边浇一些水，既可降低锅内的温度，又能增加蛋内的水分，使蛋缓慢成熟，这样炒出来的蛋才鲜嫩，色味绝佳。

加味精的原理：加味精是为了增加菜肴的鲜味。很多人认为，炒蛋不能加味精，尤其在加了醋的酸性溶液中（味精的呈味物质不溶解于酸性溶液）。但实践表明，加味精能很明显地提高蛋类菜肴的鲜味，只是用量不要太多，否则会适得其反。

加姜末的原理：姜末中的生姜素，可溶于油脂中，这些辣香味的物质使菜肴在烹调中着香、附香、抑异味，由此增加菜肴风味，增进食欲。

加醋的原理：炒蛋时加醋能去腥解腻，增加鲜香味，还能使烹饪原料中的钙质离子化，有利于人体吸收。它与黄酒、酱油、白糖等调料一起能起到协同作用，使单一的味道成为复合的美味。

综合运用上述调味料相互作用的原理，使它们的味型相抵、相乘、变味，即所谓的五味调和百味香。

炒肉时怎样勾芡

所谓勾芡，就是在菜肴接近成熟时，将调好的粉汁淋入锅内，使粉汁稠浓，增加粉汁对原料的附着力，从而使菜肴汤汁的粉性和浓度增加，改善菜肴的色泽和味道。

勾芡是否适当，对菜肴的质量影响很大。因此，勾芡是烹调的基本功之一，多用于熘、滑、炒等烹调技法。这些烹调法的共同点是旺火速成，用这种方法烹调的菜肴，基本上不带汤。但由于烹调时加入某些调料和原料本身出水，使菜肴的汤汁增多，通过勾芡，使汁液浓稠并附于原料表面，从而达到光泽、滑润、柔嫩和鲜美的效果。

勾芡一般分为两种类型。一是淀粉汁加调味料，俗称“对汁”，多用于火力旺、速度快的熘、爆等方法烹调的菜肴；二是单纯的淀粉汁，又叫“湿淀粉”或“水淀粉”，多用于一般的炒菜。根据烹调方法及菜肴特色，大体上有以下几种芡汁用法：

包芡：一般用于爆炒方法烹调的菜肴。粉汁最稠，目的是使芡汁全包到原料上，如鱼香肉丝、炒腰花等都是用包芡，吃完菜后，盘底基本不留汁。

糊芡：一般用于熘、滑方法烹调的菜肴。粉汁比包芡稀，其作用是把菜肴的汤汁变成糊状，达到汤菜融合、口味滑柔的效果，如糖醋排骨等。

流芡：粉汁较稀，一般用于大型或整体的菜肴，其作用是增加菜肴的滋味和光泽。一般是在菜肴装盘后，再将锅中的味汁加热勾芡，然后浇在菜肴上，一部分沾在菜上，一部分呈琉璃状态，食后盘内可剩余部分汁液。

要勾好芡，需要掌握几个关键问题：一是掌握好勾芡时间，一般应在菜肴九成熟时进行，过早勾芡会使味汁发焦，过迟勾芡易使菜肴受热时间长，失去脆嫩的口感；二是勾芡的菜肴用油不能太多，否则味汁不易粘在原料上，不能达到增鲜、美形的目的；三是菜肴汤汁要适当，汤汁过多或过少，会造成芡汁的过稀或过稠，从而影响菜肴的质量；四是用单纯粉汁勾芡时，必须先将菜肴的口味、色泽调好，然后淋入湿淀粉勾芡，才能保证菜肴味美色艳。

烹调中还有明油芡的要求，即在菜肴成熟时勾好芡以后，再淋入各种不同的调味油，使之溶于芡内或附着于芡上，对菜肴起增香、提鲜、上色、发亮的作用。使用时两者要结合好，要根据菜肴的口味和色泽要求，淋入不同颜色的食用油。

淋油时要注意，一定要在芡熟后淋入，才能使芡亮油明。一次加油不能过多过急，否则会出现泌油现象。由于烹调方法不同，加油的方法也不同。一般熘、炒菜肴，多在成熟后边颠勺边淋入明油；干烧菜是在出勺后，将勺内余汁调入油泻开，浇淋于菜肴上。明油加入芡汁后，搅动颠翻不可太快，避免油芡分离。

炒肉的调料、配菜与技巧

吃肉不加蒜，营养减半

在动物性原料中，尤其是瘦肉，含有丰富的维生素 B_1，但维生素 B_1 并不稳定，在体内停留的时间较短，会随尿液大量排出。而大蒜中含特有的蒜氨酸和蒜酶，二者接触后会产生蒜素，肉中的维生素 B_1 和蒜素结合就生成稳定的蒜硫胺素，从而提高了肉中维生素 B_1 的含量。此外，蒜硫胺素还能延长维生素 B_1 在人体内的停留时间，提高其在胃肠道的吸收率和体内的利用率。因此，炒肉时加一点蒜，既可解腥去异味，又能达到事半功倍的营养效果。

需要注意的是，蒜素遇热会很快失去作用，因此只可大火快炒，以免有效成分被破坏。另外，大蒜并不是吃得越多越好，每天吃一瓣生蒜（约5克重）或是两三瓣熟蒜即可，多吃也无益。大蒜辛温、生热，食用过多会引起肝阴、肾阴不足，从而出现口干、视力下降等症状。

猪肉、猪肝宜与洋葱搭配

从食物的药性来看，洋葱性味甘平，有解毒化痰、清热利尿的功效，含有蔬菜中极少见的前列腺素。洋葱不仅甜润嫩滑，而且含有维生素 B_1、B_2、C 和钙、铁、磷及植物纤维等营养成分，特别是其中的芦丁成分，能维持毛细血管的正常机能，具有强化血管的作用。

在日常膳食中，人们经常把洋葱与猪肉一起烹调，这是因为洋葱具有防止动脉硬化和使血栓溶解的作用，同时洋葱所含的活性成分能和猪肉中的蛋白质结合，产生令人愉悦的气味。洋葱和猪肉同炒，是理想的酸碱食物搭配，可为人体提供丰富的营养成分，具有滋阴润燥的功效。此菜适合于辅助治疗阴虚干咳、口渴、体倦、乏力、便秘等病症，还对预防高血压和脑出血非常有效。

洋葱配以补肝明目、补益血气的猪肝，可为人体提供丰富的蛋白质、维生素 A 等多种营养物质，具有补虚损的功效，适合于治疗夜盲、眼花、视力减退、浮肿、面色萎黄、贫血、体虚乏力、营养不良等病症。

炒肉更鲜嫩的小技巧

淀粉法：将肉片（丝）切好后，加入适量的干淀粉拌匀，静置30分钟后下锅炒，可使肉质嫩化，入口不腻。

啤酒法：将肉片（丝）用啤酒加干淀粉调糊挂浆，炒出的肉片（丝）鲜嫩爽口，风味尤佳。

鸡蛋清法：在肉片（丝）中加入适量鸡蛋清搅匀后静置 30 分钟再炒，可使肉质鲜嫩滑润。

白醋法：爆炒腰花时，先在腰花中加适量白醋和水，浸腌 30 分钟，腰花会自然胀发，成菜后无血水，清白脆嫩。

盐水法：可用高浓度的食盐水使冻肉解冻，成菜后肉质特别爽嫩。

芥末法：煮牛肉时，可在前一天晚上将芥末均匀地涂在牛肉上，煮前用清水洗净，这样牛肉易煮烂，且肉质鲜嫩。

苏打法：将切好的牛肉片放入小苏打溶液中浸泡一下再炒，可使之软嫩。

水产怎样炒才好吃

水产与葱同炒

水产腥味较重，炒制时葱几乎是不可或缺的。葱是烹调时最常用的一种调味料，用得恰到好处，还是有些不容易的。以葱调味，要视乎菜肴的具体情况、葱的品种合理使用。一般家庭常用的葱有大葱、青葱，其辛辣香味较重，应用较广，既可作辅料，又可作调味料。把它切成丝、末，增鲜之余，还可起到杀菌、消毒的作用；切段或切成其他形状，经油炸后与主料同炒，葱香味与主料的鲜味融为一体，十分诱人。青葱经过煸炒后，能更加突出葱的香味，是炒制水产时不可缺少的调味料。较嫩的青葱又称香葱，经沸油炸过后，香味扑鼻，色泽青翠，多用来撒在成菜上。

炒鳝鱼的诀窍

炒鳝片或炒鳝丝的时候，要用淀粉上浆。但经常会发生浆液脱落的现象，影响烹调质量。这是因为人们习惯在调浆时加盐，而盐会使鳝鱼的肉质收缩，渗出水分，这样就容易导致浆液在油锅中脱落。因此，炒鳝鱼时上浆不必加盐。

巧炒鲜贝

鲜贝又称带子，其特点是鲜嫩可口，但若炒不得法，却又很容易老，一般饭店多采用上浆油炒，效果未必理想。可以将带子洗净后用毛巾吸干水分，放少许盐、蛋清及适量干淀粉拌和上浆，放入冰箱里静置 1 小时。然后将水烧开，水量要充足，把带子分散下锅，余熟即可捞出，沥去水分备用。炒制时，勾芡后才放带子稍加翻炒即成，这种做法使带子内部的水分损失少，吃起来更嫩滑。

水产与姜同炒

炒水产时加入少许姜，不但能去腥提鲜，而且还有开胃散寒、增进食欲、促进消化的功效。以做螃蟹为例，最好先炒一会儿，等到螃蟹变色再放入姜去腥提味，因为那时螃蟹的蛋白质已经凝固，姜的去腥作用不会受阻，而且还能使螃蟹味更鲜。

姜在菜肴中也可与原料同烹同食，姜加工成米粒状，多数是用油煸炒后与主料同烹。以炒蟹粉为例，姜米要先经过油煸炒之后，待香味四溢，再下入主、配料同炒。姜块（片）在火工菜中起去腥的作用，而姜米则用来起香增鲜。

还有一部分菜肴不便与姜同烹，又要去腥增香，用姜汁是比较适宜的。如鱼丸、虾丸，就是用姜汁去腥味的。

炒水产时烹入料酒

炒制水产时，一般要使用一些料酒，这是因为酒能解腥生香的缘故。要使料酒的作用充分发挥，必须掌握合理的用酒时间。以炒虾仁为例，虾仁滑熟后，酒要先于其他调料入锅。绝大部分的炒菜、爆菜，料酒一喷入，立即爆出响声，并随之冒出一股水汽，这种用法是正确的。烹制含脂肪较多的鱼类，加少许啤酒，有助于脂肪溶解，产生脂化反应，使菜肴香而不腻。

如何做出美味的炒饭、炒面、炒粉

如何做出好吃的蛋炒饭

要用隔夜饭。米饭做好隔夜放置后，充分回生，淀粉老化之后再炒，口感软而不粘，粒粒相隔又相连，口感最佳。此乃做好蛋炒饭的第一秘诀。

鸡蛋宜少不宜多。蛋炒饭里放入太多鸡蛋会使口感变腻，是“饭炒蛋”而非蛋炒饭。蛋炒饭中的鸡蛋宜碎，若隐若现最佳。

将鸡蛋打散拌匀，米饭放入一容器里，用稍大些的勺子将米饭捣松，然后把鸡蛋倒在米饭上，继续搅拌至米粒均匀地沾上鸡蛋液。

少放油，油多固然香味扑鼻、口感润滑，但能量太高，不够健康。很多人做蛋炒饭最经常犯的错误是放很多油，黄乎乎、油腻腻的。蛋炒饭吃的应该是米饭和鸡蛋的混合香味，而非油香；蛋炒饭炒出来的应该是米饭的白和鸡蛋的黄之混合，而非油色。

锅内倒入适量食用油，油热后放入葱花炝锅，随后把已经搅拌好的鸡蛋米饭倒进锅中，反复翻炒。

还可根据不同口味添加一些辅料，如胡萝卜粒、黄瓜丁和火腿肉等。当翻炒后的米饭变成黄灿灿的颜色时，即可出锅。

如何做出正宗炒面

煮面条的时候，锅里先放入一点食盐，可以防止面条粘着锅底，同时如果选用长面条，可以防止面条粘连。

煮好的面条要立即冲凉降温。

过凉的面条用食用油搅拌，可以防止面条在炒制过程中粘锅底。

配菜可以随意搭配，但要注意的是，配菜的形状最好与面条的形状相匹配，这样炒出来的成品形

状一致更好看。炒的时候先炒配菜，将配菜盛出后锅是热的，再放油，随即放入面条。为避免油腻，炒面时也可以不放油，因为之前配菜已用油炒过，面也用油拌过。

面条放入炒锅后，不要用铲子翻动，用筷子翻炒可以使面条更均匀，而且不容易破坏面条的形状，又能防止粘锅底。这样的面条均匀受热并被油包住，条条分明，色泽明亮。

酱油的用量可以根据个人喜好加入，让面条着色入味，如果觉得味淡可以加入适量的食盐提味。

在面条炒制的过程中，加入适量蒜末，可以增加炒面的风味。

香油一定要淋在面条上，面条吸收香油的油脂，炒出来的面条会更香。

陈醋一定要沿锅边淋入，醋遇锅边高温产生蒸气，醋的酸味随蒸气而散发，留在锅里的是醋的香味，这样炒出来的面条不会发酸，醋香味更浓郁。

面条划散炒制的时间稍微长一些，把面条的湿气逼出，炒出干香味，面条才好吃。

3 怎样做出好吃的炒河粉

在炒河粉之前，必须炝锅。炝锅就是在炒锅内加油，用中火加热，同时不停地将油淋在炒锅内壁上，这样可以让油在炒锅内形成一层保护膜，炒出来的河粉就不会粘锅了。

在炒河粉的时候，油不能放太多，不然吃起来会很油腻，也不能炒得太久，到河粉上色后就可以起锅了。

要先将河粉一层一层撕开，再向锅中放油、盐把河粉炒软，然后加水或汤，通过水蒸气把河粉蒸透，这样炒出来的河粉才会比较完整。如果河粉还没炒至身软便加水或汤，河粉就容易断碎，更有甚者还会外热内凉，味道不好。

炒的时候，要大火急炒，因为炒的时间过长会把河粉弄碎。

如果炒的河粉比较多，用铲子难以弄散时，最好用筷子帮忙，左手拿筷子，右手拿铲子，把河粉弄散再来炒，这样才不会黏成一团。

炒河粉最好用生抽或鲜味汁来调味，不用放盐，如果配菜比较多时，可以分开来炒，配菜可以放盐炒，先炒好配菜再跟河粉混合。

4 米粉这样炒才美味

炒前先煮熟或泡开：米粉通常有粗米粉和细米粉之分。炒粗米粉前先煮熟，捞出放入凉水中过凉，然后放入盆里加少许油、盐使其上色入味。炒细米粉前，先用水泡开，捞出后加点汤调好味，使其充分吸收汤汁。泡米粉的时间要控制好，一般20分钟左右比较合适，时间太短又会泡发不好。米粉不宜用沸水浸，只要用暖水浸软便可；如用沸水浸，炒时米粉容易碎烂。

注意煮米粉的时间不宜太长：煮米粉的时间不宜太长，一般大约煮至六成熟就可以了。捞起来放入冷水里冲凉，然后用冷油拌一下，这一点很重要，否则米粉涨开发黏会容易黏成一团。

炒米粉不粘锅有妙招：要想普通锅炒出来的米粉不粘锅，最简单的办法就是，开火未放油前先用生姜片擦拭锅体内部再倒油，或者油下锅时用油搪匀锅边，然后放入米粉，这样便不会粘锅了。另外还可以用另一种方法，就是在米粉即将炒熟的时候，向锅里喷入一点醋和水的混和物，醋和水的比例要求是1 ：2，无需太多，少量即可，这样就可以轻松解决炒米粉粘锅的问题了。

炒米粉讲究火候：炒米粉很讲究火候，不要用大火炒，辅料要早些放，炒时一手拿炒勺，一手用筷子翻炒、抖开，这样米粉也不会黏成一团。

让炒米粉爽口焦香：米粉过冷水后，用湿毛巾盖着至少10分钟，热力膨胀会使米粉的质地变得爽口而富有嚼劲。而利用潮式两面黄的做法，炒米粉时将米粉轻轻压成饼状，煎完一面再翻转煎另一面，可以使米粉爽透中带点香脆。

选用合适的辅料增添美味：适合与米粉同炒的辅料有很多，包括豆芽、火腿丝、辣椒丝、鸡蛋丝、菜心等等。炒米粉是家庭式的“粗制品”，辅料的多与少，可以随意增减，入厨者可以多方面尝试一下，变换多一些花样。

炒米粉该怎样调味：要想炒米粉吃起来又香又辣，一定要加点辣椒油或辣酱，具体多少可依个人的口味而定，喜欢辣的就多加点，喜欢微辣就少加点。

第2部分

素食蔬菜小炒

蔬菜是人们日常饮食中必不可少的食物之一，能够提供人体所必需的维生素和矿物质，是保障人体健康的每日必需品。用旺火快炒之法来烹饪清淡的蔬菜，既能保持食材的原色原味，一举尝鲜，又能吃出健康体魄，下面将为大家列举多个菜例，介绍素小炒的烹饪之法。

玉米

◆**营养价值**：含有丰富的不饱和脂肪酸，特别是亚油酸，以及维生素E、镁、钾、磷、硒、谷胱甘肽等营养元素。

◆**食疗功效**：可抗癌、降低胆固醇、防止动脉硬化、健脑、止血降压、减少和消除老年斑和色素沉着斑、舒张血管、促进新陈代谢。

选购窍门

◎应挑选仍然带有外皮且包裹紧实、外皮和玉米粒之间稍带湿润感、果实饱满、用手掐玉米粒时有汁液流出的新鲜玉米。避免购买变干、外皮变黄并发皱、体型太大、肉质过于坚硬的玉米。

储存之道

◎常温下应将玉米置于干燥、通风的环境中储存；冷藏时应将玉米的叶和须去掉，洗净后沥干水分，放入保鲜袋中或包上保鲜膜再置入冰箱冷藏。

烹调妙招

◎蒸玉米时保留玉米的外皮，这样可使玉米的香味更浓。此外，用牛奶蒸煮甜玉米，不仅熟得快，口感也更香甜嫩滑，营养价值也有所提升。

四色蔬菜丁

制作时间 13分钟

材料 胡萝卜、青豆各150克，玉米粒、香菇各100克

调料 盐3克，水淀粉、鸡精各适量

做法

1. 将胡萝卜洗净，去皮切丁；香菇洗净切丁；玉米粒、青豆洗净。
2. 所有原料，焯烫片刻，捞起沥干水。
3. 油烧热，下入所有原料，调入盐和鸡精炒熟，最后用水淀粉勾芡即可。

玉米炒芹菜

制作时间 20分钟

材料 玉米200克，扁豆、芹菜、圣女果各100克

调料 红椒、百合各50克，盐、鸡精、酱油各适量

做法

1. 所有原材料治净。
2. 锅入水烧开，分别将玉米、扁豆焯水后，捞出沥干备用。
3. 锅下油烧热，放入玉米、扁豆、芹菜炒至五成熟时，放入圣女果、红椒、百合一起炒，加盐、鸡精、酱油调味，炒熟装盘即可。

松仁山药炒玉米

制作时间 2分钟

材料 山药120克，鲜玉米粒200克，松仁7克，青、红圆椒各30克，生姜10克，葱、大蒜各少许

调料 盐、味精、白糖、水淀粉各适量

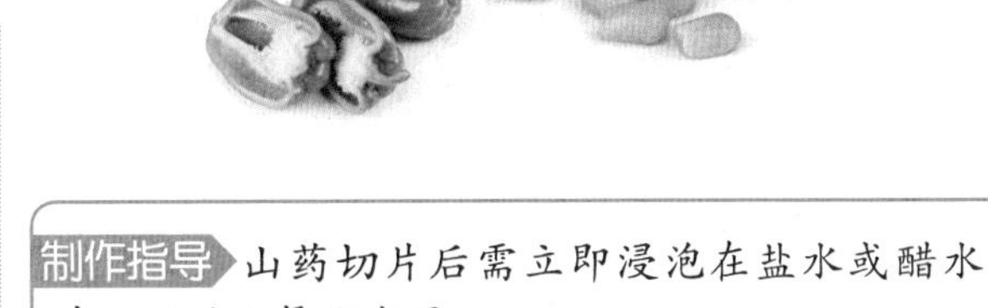

食材处理

①山药去皮，洗净切丁。

②红圆椒洗净切丁。

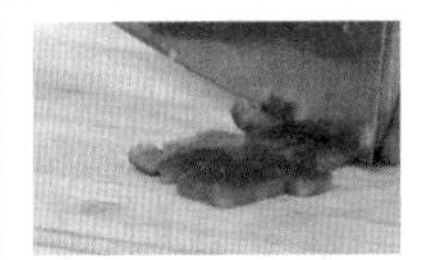

③青圆椒洗净切丁。

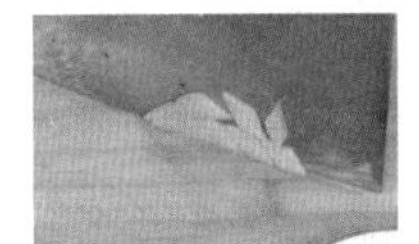

④生姜切片，大蒜切末，葱洗净切段。

⑤锅中倒入适量清水，加盐、食用油烧开，倒入玉米粒煮沸。

⑥倒入青、红圆椒丁焯煮片刻。

⑦加入山药丁拌匀。

⑧焯煮至熟捞出。

制作指导 山药切片后需立即浸泡在盐水或醋水中，以防止氧化发黑。

制作步骤

①用大豆油起锅，倒入葱白、蒜末、姜片爆香，倒入焯熟的材料，加盐、味精、白糖调味。

②加少许水淀粉勾芡。

③出锅装盘，撒入松仁即成。

枸杞炒玉米

制作时间 13分钟

材料 甜玉米粒300克，水发枸杞100克

调料 盐、味精、水淀粉各适量

做法

1. 甜玉米粒和枸杞分别用开水焯一下。
2. 锅置火上，倒入适量油，烧热，放入焯好的甜玉米粒，大火翻炒。
3. 调入适量枸杞、盐、味精，转小火翻炒。
4. 用水淀粉勾芡即可。

清炒玉米笋

制作时间 17分钟

材料 玉米笋300克，葱2根，蒜3瓣

调料 盐5克，鸡精3克，香油5克

做法

1. 玉米笋洗净；葱洗净切段；蒜洗净切片。
2. 锅内放水烧开后，放入盐、油、玉米笋一起煮熟，捞出沥干水分。
3. 将锅烧热，放入少许油，将葱、蒜炒香，再将玉米笋倒入锅内一起翻炒，加入盐、鸡精，最后淋入香油即可。

玉米炒葡萄干

制作时间 20分钟

材料 玉米粒200克，葡萄干、红椒各20克，冬瓜150克

调料 盐3克，鸡精2克

做法

1. 玉米粒、葡萄干均洗净备用；红椒去蒂洗净，切片；冬瓜去皮去籽洗净，切丁。
2. 水烧开，放入玉米粒焯熟后，捞出沥干。
3. 锅下油烧热，放入冬瓜滑炒片刻，再放入玉米粒、红椒、葡萄干，加盐、鸡精炒至入味，装盘即可。

土豆

◆**营养价值**：含有最接近动物蛋白的植物蛋白质，以及丰富的赖氨酸、色氨酸、维生素 B_1、维生素 B_2、维生素 C、钾、铁、锌、磷等营养物质。

◆**食疗功效**：通便、延缓衰老、美容护肤、防治高血压、保持心肌健康、消炎止痛、治疗湿疹、预防大肠癌等。

选购窍门

◎应选择颜色鲜明、外表呈黄色、表皮光滑、形状饱满、芽眼较浅、无发芽、无切口的土豆。

储存之道

◎应放置在低温、干燥、阴凉、通风处储存；冬季要防冻，春季要避免发芽；若欲长期存放，可将土豆与苹果或香蕉一起放置，可使其不易变质。

烹调妙招

◎将土豆放入热水中浸泡一下，再放入冷水中，较易去皮。对于个头较小的土豆，可用烘焙用的锡纸去皮。给土豆削皮时，应只削掉薄薄的一层，因为土豆皮下面的汁液中含有丰富的蛋白质。去了皮的土豆如不马上烧煮，应浸泡在凉水里，以免发黑，但不可浸泡太久，以免流失营养成分。烹制土豆要用小火慢烧的方法才能使其均匀熟烂。存放久了的土豆表面往往有蓝青色的斑点，配菜时不够美观，可在煮土豆的水里放些醋（每 1 千克土豆放一汤匙），斑点就会消失。

炒不烂子

制作时间 23分钟

材料 土豆200克，青、红彩椒各40克，面粉20克

调料 盐适量

做法

1. 土豆去皮洗净切丝。
2. 青、红椒洗净切丝。
3. 土豆洗去淀粉，拌入面粉，拌匀后上笼蒸熟。
4. 凉后配青椒丝、红椒丝一起放入油锅内翻炒，加盐调味炒熟即可。

多味土豆丝

制作时间 13分钟

材料 土豆300克，干椒3个

调料 醋5克，盐适量，白糖、姜、花椒各10克

做法

1. 土豆去皮切丝，撒上盐拌匀；姜去皮切丝，撒在土豆丝上；干椒洗净切丝。
2. 土豆丝下锅焯熟，沥干水分，备用。
3. 白糖和醋搅拌，浇在土豆丝上拌匀。
4. 油烧热后放入花椒、干辣椒丝，炸出味后浇在土豆丝上即可。

土豆炒蒜薹

制作时间 18分钟

材料 土豆300克，蒜薹200克

调料 盐、鸡精、蒜、酱油、水淀粉各适量

做法

1. 土豆去皮洗净，切条；蒜薹洗净，切段；蒜去皮洗净，切末。
2. 水烧开，放入蒜薹焯水后，捞出沥干备用。
3. 油烧热，入蒜爆香后，放入土豆、蒜薹一起炒，加调味料，待熟时用水淀粉勾芡即可。

口味土豆片

制作时间 20分钟

材料 土豆400克

调料 盐3克，葱、红椒各10克，番茄酱适量

做法

1. 土豆去皮洗净，切片；葱洗净，切花；红椒去蒂洗净，切圈。
2. 锅下油烧热，入红椒爆香，放入土豆炒至八成熟，加盐、番茄酱熘炒至熟，装盘撒上葱花即可。

黄蘑炒土豆片

制作时间 22分钟

材料 土豆300克，黄蘑、青红椒、胡萝卜各50克

调料 盐3克，鸡精2克，酱油、醋各适量

做法

1. 土豆去皮洗净，切片；黄蘑洗净；青椒、红椒均去蒂洗净，切片；胡萝卜去皮洗净，切片。
2. 锅下油烧热，放入土豆片炒至五成熟，放入黄蘑、青椒、红椒、胡萝卜一起炒，加调味料，炒熟装盘即可。

女士小炒

制作时间 30分钟

材料 土豆200克，红薯200克，胡萝卜1个，腰果50克

调料 橙汁300毫升，白糖10克，白醋20克

做法

1. 土豆、红薯、胡萝卜洗净削皮切菱形块。
2. 锅上火，倒入油烧热，放入备好的原材料，炸至金黄，捞出。
3. 净锅上火，倒入橙汁，加入白糖、白醋，待糖溶，倒入炸好的原材料炒匀即可。

花菜

◆**营养价值**：含有丰富的蛋白质、食物纤维、胡萝卜素、B族维生素、维生素C、维生素K，以及钙、铁、锌等矿物质。

◆**食疗功效**：增食欲、助消化、润肺止咳、防治骨质疏松、增强肝脏解毒能力、促进儿童生长发育、预防感冒、防止感染、抗氧化、防治癌症。

选购窍门

◎应选择颜色白中带青、花球洁白、菜苞紧密、无异味、叶新鲜饱满的花菜。

储存之道

◎应放置在干燥、阴凉、低温、通风处储存。

烹调妙招

◎先将花菜放入盐水中浸泡，可以除虫和去除残留农药；之后可先用沸水焯至半熟，取出放入凉开水中过凉，沥干水分再进行后续烹饪。

干椒炒花菜

制作时间 25分钟

材料 花菜200克

调料 盐、味精、姜、干椒、葱各适量

做法

1. 花菜洗净，切成小块。
2. 干椒切碎。
3. 姜去皮，切片；葱洗净切圈。
4. 锅上火，加油烧热，下入干椒炒香，再加入花菜、姜、葱炒匀。
5. 再加入少量水，盖上盖稍焖，加盐、味精调味即可。

香菇烧花菜

制作时间 30分钟

材料 香菇50克，花菜100克，鸡汤200克

调料 盐、味精、姜、葱、淀粉、鸡油各适量

做法

1. 将花菜洗净，掰成小块；香菇洗净切成块。
2. 锅中加水烧开后下入花菜焯至熟透后捞出。
3. 油烧热，放入葱、姜煸出香味，放入盐、味精、鸡汤、香菇、花菜，用微火烧至入味后，以淀粉勾芡，淋鸡油，翻匀即可。

白萝卜

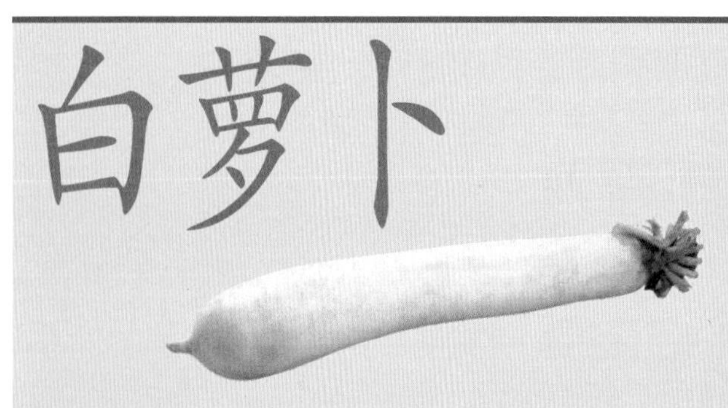

◆**营养价值**：含有丰富的维生素C、淀粉酶、钾、镁、锌、硒等营养元素。

◆**食疗功效**：下气宽中、增进食欲、消除积食、化痰清热、解毒、防癌抗癌、促进新陈代谢、降低血脂、稳定血压、减肥等。

选购窍门

◎应选择大小均匀、根形圆整、肉质坚实、无病变、无损伤、表皮细嫩光滑、体型较小的鲜萝卜。

储存之道

◎可放入袋中或埋入土里，应注意低温、干燥、阴凉、通风储存；也可用保鲜膜包好放入冰箱，可保存二至三周。

烹调妙招

◎白萝卜从顶部至以下3至5厘米处质地有些硬，宜于切丝、切条，快速烹调，也可煮汤和做馅，味道极佳；白萝卜中段含糖量较多，质地较脆嫩，可切丁做沙拉，或切丝用糖、醋凉拌，炒或煮也很可口；白萝卜从中段到尾段有些辛辣，可开胃、助消化，可用来做腌拌菜，也可做炖菜、炒食或煲汤食用。

干椒炝萝卜

制作时间 15分钟

材料 白萝卜300克

调料 盐3克，干辣椒20克

做法

1. 将白萝卜洗净，去皮切块；干辣椒洗净。
2. 把萝卜放入碟子里，撒上盐，腌渍片刻。净锅上火，倒入油加热。
3. 先放入干辣椒爆香。
4. 再倒入萝卜同炒，放入适量盐，炒熟即可。

红椒萝卜丝

制作时间 20分钟

材料 白萝卜350克，姜、红椒各5克

调料 料酒10克，盐5克，鸡精2克

做法

1. 白萝卜洗净切丝；姜洗净切丝；红椒洗净切小片待用。
2. 锅加水烧开，白萝卜丝焯水，倒入漏勺滤干水。
3. 炒锅上火加入油，下萝卜丝、红椒片，放入调味料炒匀出锅装盘即可。

胡萝卜

◆**营养价值**：含有极丰富的维生素A、胡萝卜素，以及B族维生素、维生素C、钾、硒等营养元素。

◆**食疗功效**：补肝明目、降压强心、抗癌、抗菌消炎、抗过敏、亮发乌发、润泽肌肤、增强记忆力等。

选购窍门

◎应购买肉质坚实、皮质光滑、外形匀称、颜色鲜亮、无裂口、无病虫害、叶呈淡绿色的新鲜胡萝卜。

储存之道

◎应放入冰箱冷藏，可保存7日左右。

烹调妙招

◎胡萝卜不宜去皮食用，胡萝卜的营养精华就在表皮，因此洗胡萝卜时不必削皮，只要轻轻擦拭即可；熬汤时保留胡萝卜带叶子的头部，其中含有大量矿物质；胡萝卜生食和榨汁时，应搭配油脂食用，这样才能使胡萝卜素更好地被人体吸收；若不习惯胡萝卜独有的味道，可将胡萝卜与苹果、核桃、卷心菜、西红柿等一起榨汁，可改善口感。

胡萝卜烩木耳

制作时间 20分钟

材料 胡萝卜150克，木耳50克

调料 盐3克，白糖3克，生抽5克，鸡精3克，料酒5克，姜片5克

做法

1. 木耳泡发洗净；胡萝卜洗净切片。
2. 锅置火上倒油，待烧至七成热时，放入姜片煸炒，随后放木耳稍炒一下，再放胡萝卜片。
3. 再依次放料酒、盐、生抽、白糖、鸡精，炒匀即可。

胡萝卜炒茭白

制作时间 15分钟

材料 胡萝卜、茭白各300克

调料 大葱15克，酱油5克，盐3克，鸡精1克

做法

1. 胡萝卜、茭白洗净均焯水，捞出切丝；大葱洗净切斜段。
2. 锅倒油烧热，爆香葱段，倒入茭白丝、胡萝卜丝一起翻炒。
3. 调入酱油、盐、鸡精调味，炒匀即可。

冬笋

◆**营养价值**：含有丰富的蛋白质、氨基酸、糖类、胡萝卜素、B族维生素、维生素C以及钙、磷、铁等矿物质。

◆**食疗功效**：清热解毒、利尿消食、润肠通便、化痰益气、防治大肠癌和乳腺癌、减肥。

选购窍门

◎应选择竹节间距近，外壳鲜黄色或淡黄略带粉红色，外壳完整、光洁饱满，肉色洁白如玉，无霉烂，无病虫害的冬笋。

储存之道

◎应在低温、阴凉、干燥、通风处储存。

烹调妙招

◎切冬笋时，靠近笋尖的部分应顺着切，下部应横着切，这样可使冬笋在烹制过程中更易熟烂和入味。将冬笋用温水煮熟后捞出，令其自然冷却，再用水冲洗，可以去除冬笋的涩味。

辣炒冬笋

制作时间 20分钟

材料 冬笋300克，蒜10克，红椒2个，胡萝卜适量

调料 盐5克，味精2克，芽菜10克，葱、姜各15克

做法

1. 冬笋洗净切滚刀块；红椒、胡萝卜洗净切粒；葱洗净切花；姜、蒜去皮切米。
2. 冬笋入沸水中焯烫，捞出沥水，再入六成油温的锅中炸至金黄色。
3. 留油，爆香葱、姜、蒜、胡萝卜红椒，再倒入冬笋，调入调味料炒匀入味，出锅装盘即可。

荠菜炒冬笋

制作时间 30分钟

材料 冬笋450克，荠菜末30克

调料 酱油、白糖、味精、麻油、料酒各6克，花椒12克

做法

1. 冬笋洗净切小滚刀块。
2. 锅中入油少许，将花椒炸出香味，捞出。
3. 倒入冬笋煸炒，加酱油、白糖、料酒，加盖焖烧至入味，加荠菜末、味精炒匀，淋麻油出锅即可。

红枣炒竹笋

制作时间 25分钟

材料 竹笋、水发木耳、红枣、青豆、胡萝卜各适量

调料 番茄酱100克，红薯粉5克，白糖5克，盐3克，味精2克

做法

1. 水发木耳切丝；红枣洗净去核；青豆洗净；竹笋洗净切小块。
2. 将笋、胡萝卜、芹菜汆水，捞出；锅置火上，油烧热，下笋略炒后，捞出。
3. 烧热油，入水发木耳、竹笋、胡萝卜和红枣锅内拌炒熟，下入白糖、盐、味精和番茄酱，用红薯粉加水拌匀后放入锅内翻炒即可盛盘。

鱼香笋丝

制作时间 30分钟

材料 冬笋500克，蒜苗50克，干红辣椒2个

调料 料酒、酱油、蒜泥、白糖各适量，淀粉3克

做法

1. 冬笋洗净后去掉笋尖，切丝；蒜苗切成与笋丝同样长短的条。
2. 油烧热，投入笋丝，慢焐至熟，然后将蒜苗滑入，迅速捞出。
3. 留油，入蒜泥和辣椒末煸香，倒料酒、白糖和笋丝翻炒数下，勾芡，装盘即成。

炒腐皮笋

制作时间 15分钟

材料 嫩竹笋肉200克，豆腐皮8张

调料 酱油、白糖、盐、水淀粉、香油各适量

做法

1. 竹笋肉洗净后切斜刀块；豆腐皮切成四方块。
2. 烧热油，投入豆腐皮炸至金色。
3. 锅内留油，投入竹笋肉煸炒，加入盐、酱油、白糖，再放入豆腐皮炒匀。
4. 待汤烧沸后，用水淀粉勾薄芡拌匀，淋入香油即成。

酸菜炒脆笋

制作时间 18分钟

材料 酸菜200克，竹笋200克

调料 盐、生抽、红椒、蒜苗、鸡精各适量

做法

1. 酸菜洗净，切片。
2. 竹笋洗净，切段。
3. 红椒洗净，切碎。
4. 蒜苗洗净，切末。
5. 热锅下油，下入蒜苗末、竹笋丁炒至六成熟。
6. 再下入酸菜片、红椒碎翻炒至熟。
7. 调入盐、鸡精、生抽即可。

辣炒竹笋

制作时间 14分钟

材料 竹笋100克，红椒、青葱、蒜末各适量

调料 盐、酱油、味精、辣椒粉各适量

做法

1. 竹笋洗净，切丁。
2. 红椒洗净，切末。
3. 青葱洗净，切末。
4. 炒锅加油烧热，入蒜末爆香，再加入竹笋丁翻炒片刻。
5. 将切好的红辣椒加入一起翻炒至熟。
6. 调好味，待香味散发，撒青葱末，起锅盛盘。

乡味湘笋

制作时间 15分钟

材料 竹笋100克，红椒、青葱、蒜末各适量

调料 盐、酱油、味精、辣椒粉各适量

做法

1. 竹笋洗净切丝。
2. 红椒洗净切条。
3. 青葱洗净切段。
4. 油烧热，入蒜末爆香，入竹笋丝翻炒片刻，将切好的红辣椒加入一起翻炒。
5. 加调味料，待香味散发，撒青葱段，最后起锅盛盘即可。

芦笋

◆**营养价值**：所含的蛋白质、碳水化合物、多种维生素和矿物质都优于普通蔬菜，堪称蔬菜之王，是全面的抗癌食品。

◆**食疗功效**：抗癌、补虚、调节人体代谢、提高免疫力、减肥。

选购窍门

◎应选择尖端紧密、无空心、无开裂、无泥沙的鲜嫩芦笋。

储存之道

◎应在低温、阴凉、干燥、通风处储存；也可用开水焯后晾干，包上保鲜膜放入冰箱冷藏。

烹调妙招

◎烹调前先将芦笋切成条状，用清水浸泡20至30分钟，可以去除芦笋中的苦味。

清炒芦笋

制作时间 20分钟

材料 芦笋300克

调料 香油、料酒各10克，盐、淀粉、味精各5克

做法

1. 将芦笋洗净，切成斜段备用。
2. 炒锅内放油烧热，加入芦笋段，并放入料酒、盐和味精，继续翻炒。
3. 待芦笋段熟后加入少许湿淀粉收汁，淋香油即可装盘。

芦笋扒冬瓜

制作时间 27分钟

材料 芦笋、冬瓜各适量

调料 盐、味精、鲜汤、湿淀粉各适量

做法

1. 取芦笋洗净切段。
2. 冬瓜削皮洗净，切条。
3. 芦笋放沸水锅里焯透，捞出，浸泡后，捞出。
4. 油烧热，下盐炒一下，加入鲜汤、味精、芦笋、冬瓜条，猛火煮沸。
5. 改为小火煨烧，再改猛火用湿淀粉勾芡，出锅装盘即成。

火龙果黄金糕

制作时间 25分钟

材料 火龙果1个，黄金糕100克，芦笋、彩椒丁各50克

调料 葱段、盐、姜片各5克，柠檬汁、糖各10克

做法

1. 火龙果去皮取肉切成丁状。
2. 黄金糕切成丁。
3. 将黄金糕用中火煎至两面呈金黄色备用。
4. 锅上火，爆香葱段、姜片，倒入芦笋丁、彩椒、火龙果、黄金糕炒匀。
5. 加入调味料炒入味，勾芡即可。

哈密瓜炒芦笋

制作时间 25分钟

材料 哈密瓜200克，芦笋、彩椒片适量

调料 盐、糖、鸡精各5克，醋、辣椒酱各10克

做法

1. 哈密瓜去皮切片，用温水泡，沥干。
2. 锅置火上，倒入适量油，烧热，放入芦笋炸至六成熟。
3. 捞出炸好的芦笋，用盐水煮至熟。
4. 油烧热，哈密瓜、彩椒片、芦笋一起炒香，调入调味料炒匀。

芦笋炒百合

制作时间 2分钟

材料 芦笋150克，鲜百合60克，红椒20克

调料 盐3克，水淀粉10毫升，味精3克，鸡粉3克，料酒3毫升，食用油、芝麻油各适量

做法

1. 用油起锅，倒入红椒片炒香；倒入焯水后的芦笋。
2. 再加入洗好的百合炒匀，淋入适量料酒炒香。
3. 加盐、味精、鸡粉炒匀调味；再加入少许水淀粉勾芡；最后，淋入少许芝麻油炒匀。
4. 在锅中翻炒匀至熟透。起锅，盛入盘中即可。

莴笋

选购窍门

◎应选择茎部粗大、条顺、大小整齐、皮质脆薄、叶片不弯曲、无黄叶、不发蔫、肉质青色、细嫩多汁、口感不苦涩的新鲜莴笋。

储存之道

◎应在低温、阴凉、干燥、通风处储存。因莴笋对乙烯极为敏感，应将其远离苹果、梨、香蕉等水果存放，以免诱发赤褐斑点。

烹调妙招

◎做凉拌或配肉类炒食均宜，还可腌制成酱菜或泡菜，将其茎叶同食，更可全面吸收营养。

◆**营养价值**：含有丰富的胡萝卜素，以及钙、钾、磷、锌、硒等矿物元素。

◆**食疗功效**：增进食欲、促进消化、利尿消肿、镇痛、催眠、补血、促进胆汁分泌、促进生长发育、抗癌、降低血压、治疗糖尿病。

莴笋炒木耳

制作时间 20分钟

材料 莴笋200克，水发木耳80克

调料 盐2克，味精1克，生抽8克

做法

1. 莴笋去皮，洗净切片。
2. 木耳洗净，与莴笋同焯水后，晾干。
3. 油锅烧热，放入莴笋、木耳翻炒，加入盐、生抽炒入味。
4. 加入味精调味，起锅放于盘中即可。

甜蜜四宝

制作时间 22分钟

材料 红枣30克，莴笋、核桃仁、百合、板栗肉各50克

调料 生抽20克，盐5克，香油10克，味精5克

做法

1. 莴笋去皮，洗净切丁；红枣、核桃仁、百合、板栗肉洗净。
2. 锅烧热放油，油炒热时加入所有备好的原料，炒熟。
3. 放生抽、盐、味精、香油炒匀，装盘即可。

苦瓜

◆**营养价值**：含有丰富的植物蛋白质、维生素B_1、维生素C、粗纤维、胡萝卜素、苦瓜苷、氨基酸、磷、铁等营养元素。

◆**食疗功效**：清热消暑、解毒、明目、增进食欲、消炎退热、降低血糖、提高人体免疫力、抗癌、抗病毒、防治恶性肿瘤、加速伤口愈合、嫩滑肌肤。

选购窍门

◎应选择瓜体结实、果瘤大而饱满、重量较重、表皮光亮、不发黄的苦瓜。

储存之道

◎应放置在干燥、阴凉处储存，也可放入冰箱冷藏。

烹调妙招

◎苦瓜籽有毒，烹制前应先将其去除。苦瓜味道苦涩，可先将其放入沸水中焯一下，或在无油锅中干煸片刻，或先用盐腌渍一下，都可减轻其苦味。

菠萝炒苦瓜

制作时间 17分钟

材料 百合200克，菠萝果肉200克，苦瓜250克

调料 盐5克，味精5克

做法

1. 菠萝果肉、苦瓜分别洗净，切成小片。
2. 百合洗净，削去外部黑色边缘。
3. 锅烧热加油，放进百合、菠萝果肉、苦瓜，炒至将熟。
4. 放盐、味精，盛出装盘即可。

大刀苦瓜

制作时间 18分钟

材料 苦瓜300克

调料 盐、生抽、豆豉、红辣椒、蒜头各适量

做法

1. 苦瓜去瓤洗净，切成条状，入开水中焯至断生。
2. 红辣椒洗净，切圈。
3. 蒜头洗净，去皮，切蓉。
4. 锅置火上，放油烧至六成热，下入红辣椒、蒜头炒香。
5. 下入苦瓜，翻炒均匀。
6. 加入盐、生抽、豆豉调味，盛盘即可。

苦瓜炒猪肚

制作时间 3分钟

材料 苦瓜200克，熟猪肚150克，豆豉、蒜末、姜片、葱白各少许

调料 料酒、老抽、蚝油、盐、味精、白糖、水淀粉、食粉各适量

食材处理

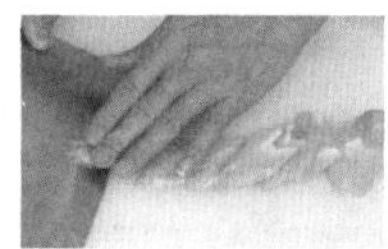

①将洗净的苦瓜切成片。

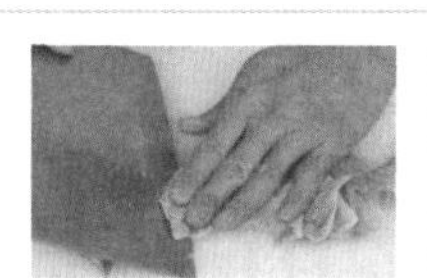

②猪肚用斜刀切成片。

③锅中加清水烧开，倒入猪肚汆水片刻。

④用漏勺捞出备用。

⑤锅中加少许食粉，倒入苦瓜，焯1分钟。

⑥用漏勺捞出焯好的苦瓜备用。

制作指导 苦瓜焯水时，可适当加入盐，这样既可减轻苦味，又可以使其色泽更加诱人，且能保留苦瓜原有的风味。

制作步骤

①用油起锅，倒入蒜末、姜片、葱白、豆豉爆香。

②加入苦瓜炒匀。

③倒入猪肚，淋上料酒。

④加入老抽、蚝油、盐、味精、白糖，炒至入味。

⑤倒入水淀粉和熟油炒匀。

⑥盛入盘中即可。

冬瓜

◆**营养价值**：含有大量的维生素C、钾、丙醇二酸、胡萝卜素等营养物质。

◆**食疗功效**：清热解毒、利水消肿、减肥、降血压、降血脂、降血糖、降胆固醇、排毒润肠、通便、光洁皮肤、防治高血压、防治动脉粥样硬化。

选购窍门

◎应选择皮质较硬、表面有一层白色粉末、肉质紧密、重量较重、瓜皮呈深绿色、种子呈黄褐色的冬瓜。

储存之道

◎应放置在干燥、阴凉、通风处储存，切开后应包上保鲜膜放入冰箱冷藏。

烹调妙招

◎可煮食、炖食、炒食，可以用来烹调各种菜肴，还可外用美容。

素回锅肉

制作时间 23分钟

材料 冬瓜250克，红辣椒、蒜苗、生姜各适量

调料 盐5克，味精5克，白糖2克，豆瓣酱5克，老抽5克，湿淀粉适量

做法

1. 冬瓜去皮、去籽，切长片，用淀粉拌匀；红辣椒洗净切片；蒜苗洗净切段；生姜去皮，切片。
2. 烧热油，下入冬瓜片，炸至金黄色捞起。
3. 油烧热，放入姜片、豆瓣酱、红辣椒片、蒜苗段，翻炒。
4. 加入炸好的冬瓜片，调入调味料，用中火炒透，用湿淀粉勾芡，倒入碟内即成。

琥珀冬瓜

制作时间 30分钟

材料 冬瓜200克，核桃仁100克

调料 白糖、冰糖、糖色各适量

做法

1. 冬瓜洗净，削皮去瓤，切成菱形片；核桃仁切片备用。
2. 油烧热，放入清水、白糖、冰糖、糖色烧沸，再放入冬瓜片，用旺火烧约10分钟，用小火慢慢收稠糖汁。
3. 冬瓜缩小时，入核桃仁片，装盘即可。

南瓜

◆**营养价值**：含有丰富的多糖、氨基酸、活性蛋白、类胡罗卜素、脂类物质及多种矿物质和微量元素。

◆**食疗功效**：润肺益气、止咳化痰、助消化、促进人体新陈代谢、促进生长发育、防治水肿、消炎止痛、降低血糖、解毒、美容、抗癌、明目。

选购窍门

◎应选择外形完整、充实饱满、干净、梗部坚硬、重量较重、表皮无黑点、无损伤的南瓜。

储存之道

◎应放置在干燥、阴凉、通风处储存，切开后应包上保鲜膜放入冰箱冷藏。

烹调妙招

◎生南瓜不易切，可先将其放入微波炉稍加热后再切。

豆豉炒南瓜

制作时间 23分钟

材料 南瓜400克，豆豉40克

调料 葱段、姜片、水淀粉、盐、味精、香油各适量

做法

1. 南瓜洗净，去皮去籽，切条，入沸水焯熟，捞出沥干水分。
2. 油烧热，下姜片、豆豉炒香。
3. 倒入南瓜条、葱段。
4. 加盐、味精，用水淀粉勾芡，放香油即可。

南瓜炒百合

制作时间 25分钟

材料 南瓜、百合各300克

调料 青椒、红椒各15克，盐3克

做法

1. 南瓜去皮，洗净，切成小片。
2. 百合洗净。
3. 青椒、红椒去蒂去籽，洗净，切成块。
4. 锅倒水烧沸，倒入百合焯熟后捞出待用。
5. 锅倒油烧热，放入南瓜翻炒至快熟。
6. 加入百合、青椒、红椒同炒，加入盐，稍炒即可出锅。

双椒炒嫩瓜

制作时间 12分钟

材料 嫩南瓜250克，青椒75克，泡椒70克

调料 盐2克，味精1克

做法

1. 嫩南瓜洗净，切片。
2. 青椒洗净，切片。
3. 泡椒洗净，切段。
4. 炒锅加油烧热，放入南瓜片、青椒片、泡椒段翻炒。
5. 调入盐、味精，炒至断生即可。

百合南瓜

材料 鲜百合1包，小南瓜半个

调料 盐2克，味精3克，淀粉10克

做法

1. 南瓜洗净，去皮切块。
2. 百合洗净，备用。
3. 锅中注水适量，烧至沸，放入南瓜、百合焯烫，捞出沥水。
4. 油烧热，放入南瓜、百合，调入盐、味精炒匀。
5. 用淀粉勾芡即可出锅。

白果炒南瓜

制作时间 23分钟

材料 南瓜300克，白果100克，鲜百合80克

调料 盐、味精、白糖、红椒丝、水淀粉各适量

做法

1. 将鲜百合挑选后洗净。
2. 南瓜去皮，洗净，切成菱形片，放进开水中煮熟；白果洗净。
3. 鲜百合和白果分别用沸水汆熟后待用。
4. 热烧油，下入南瓜片、白果、百合、红椒丝一同炒熟。
5. 加调味料，水淀粉勾芡即可。

丝瓜

选购窍门

◎应选择鲜嫩结实、皮色光亮、嫩绿或淡绿色、顶端饱满、不枯黄、不干皱、不臃肿、无斑点、无凹陷的丝瓜。

储存之道

◎应放置在干燥、阴凉处储存，或放入冰箱冷藏。

烹调妙招

◎丝瓜在烹制过程中易氧化变黑，可先将其去皮后用水淘洗一下，或用盐水稍微浸泡，或用开水焯一下，或用快切快炒的方式，都可以避免丝瓜氧化变黑的现象。

◆**营养价值**：含有蛋白质、粗纤维、钙、磷、铁、瓜氨酸、核黄素、维生素C、皂甙等。

◆**食疗功效**：通经活络、促进血液循环、清暑解毒、清热解渴、凉血活血、止咳利尿、化痰、细嫩美白肌肤、延缓衰老。

双菌烩丝瓜

制作时间 20分钟

材料 滑子菇、平菇各200克，丝瓜300克

调料 青椒15克，盐3克，鸡精1克

做法

1. 丝瓜去皮，洗净，斜切成段；滑子菇去蒂，洗净，焯水后捞出；平菇去蒂，洗净，撕成片；青椒洗净，斜切成片。
2. 炒锅倒油烧至六成热时，放入丝瓜煸炒2分钟后，倒入滑子菇、平菇、青椒片快炒翻匀。
3. 加盐、鸡精调味，出锅即可。

鸡油丝瓜

制作时间 20分钟

材料 鸡油20克，丝瓜100克

调料 盐3克，香油10克，味精5克，红辣椒20克

做法

1. 丝瓜去皮，洗净，切成滚刀块，用温水焯过后晾干备用。
2. 红辣椒洗净，切成片。
3. 锅置于火上，注入鸡油烧热后，放入丝瓜、红辣椒翻炒。
4. 调入剩余调料炒匀即可。

莲藕

◆**营养价值**：含有大量的淀粉、蛋白质、B 族维生素、维生素 C 以及钙、磷、铁等多种矿物质。

◆**食疗功效**：滋阴养血、补血、补五脏之虚、强壮筋骨、止血、治疗泌尿系统感染、消除烦渴、健脾开胃、消食止泻、清热润肺、止吐等。

选购窍门

◎应购买藕节短、藕身粗、外皮呈黄褐色、肉肥厚而白的莲藕。

储存之道

◎将莲藕用保鲜膜包好放入冰箱中冷藏，可保存 4 至 5 天。

烹调妙招

◎将藕切片后放入烧开的水中滚烧片刻，然后捞出用清水洗净，可使藕片不变色，并保持爽脆的口感，也可将藕放在稀醋水中浸泡 5 分钟，可达至同样的效果。炒藕丝时，为使藕丝不变黑，可以一边炒一边加些清水，炒出的藕丝就会洁白如玉。

酸辣藕丁

制作时间 17分钟

材料 莲藕400克，小米椒20克，泡椒20克

调料 盐4克，鸡精1克，陈醋10克，香油5克

做法

1. 将莲藕清洗净泥沙，切成小丁后，放入沸水中稍烫，捞出沥水备用。
2. 将小米椒、泡椒洗净切碎备用。
3. 锅上火，加入油烧热，放入小米椒、泡椒炒香，加入莲藕丁。
4. 加入调味料，炒匀入味即可。

乳香香芹脆藕

制作时间 20分钟

材料 莲藕300克，芹菜100克

调料 红腐乳10克，盐2克，红椒5克

做法

1. 莲藕洗净，去皮切片。
2. 芹菜洗净，切段。
3. 红椒洗净，切丝。
4. 锅中倒油烧热，下入藕片炒熟，加入芹菜。
5. 倒入红腐乳和盐炒至入味。
6. 加入红椒炒匀即可。

回锅莲藕

制作时间 15分钟

材料 莲藕300克，花生20克

调料 红辣椒5克，葱末、盐各3克

做法

1 莲藕去皮洗净，切丁；花生洗净沥干；红辣椒洗净切碎。

2 将藕丁下入沸水中焯水至熟，捞出沥干。

3 锅中倒油烧热，下入藕丁和花生炒熟，加盐和红辣椒炒入味。

4 撒上葱末即可出锅。

香辣藕条

制作时间 15分钟

材料 莲藕150克

调料 干红椒25克，水淀粉35克，盐、味精各2克，老抽10克，香菜5克

做法

1 莲藕去皮，洗净，切段，入开水汆熟，裹上水淀粉；干红椒洗净，切段；香菜洗净。

2 油烧热，放入干红椒炒香后，捞起，放入莲藕炒香，加入盐、老抽翻炒。

3 加入味精调味后，起锅装盘，撒上干红椒、香菜即可。

XO酱炒莲藕

制作时间 2分钟

材料 莲藕250克，XO酱30克，姜片、葱白、蒜末、葱段各少许

调料 生抽、盐、味精、白醋、水淀粉各适量

做法

1 起油锅，加入XO酱、姜片、葱白、蒜末。

2 倒入莲藕片翻炒匀。

3 放生抽、盐、味精炒至入味。

4 倒入水淀粉拌炒均匀，放入葱段炒匀。

5 盛入盘中即可。

蕨菜

◆**营养价值**：含有丰富的胡萝卜素、B族维生素、维生素C、维生素E、粗纤维、钾、磷、铁、锌等营养元素。

◆**食疗功效**：下气通便、止泻利尿、益气养阴、强健机体、增强抗病能力、降低血压、抗癌、解毒、杀菌消炎等。

选购窍门

◎应选择粗细整齐、色泽鲜艳、质地柔软的鲜嫩蕨菜。

储存之道

◎应包上保鲜膜放入冰箱冷藏。

烹调妙招

◎烹制蕨菜时，先用沸水焯熟，后浸入凉水中以去除其异味和表面的黏质，即可食用，也可继续进行其他烹饪。

炝炒蕨菜

制作时间 8分钟

材料 蕨菜400克

调料 葱15克，干红辣椒50克，盐5克，味精1克

做法

1. 蕨菜洗净，切段。
2. 葱择洗净，切段。
3. 干红辣椒切段。
4. 将油放入炒锅中烧热，放入干红辣椒段爆香，再加入蕨菜段快速翻炒至熟。
5. 调入盐、味精炒匀，撒上葱段即可。

如意蕨菜蘑

制作时间 25分钟

材料 蕨菜、蘑菇、胡萝卜、白萝卜各适量

调料 盐、味精、花椒油、湿淀粉、鲜汤各适量

做法

1. 蕨菜洗净，切段。
2. 蘑菇洗净切片。
3. 白萝卜、胡萝卜洗净切条。
4. 油烧热，放入蕨菜段煸炒，加入鲜汤及调料，用湿淀粉勾薄芡。
5. 油烧热，再放入蘑菇片、胡萝卜、白萝卜，添鲜汤。
6. 加调料煨至入味，用湿淀粉勾薄芡出锅即成。

茄子

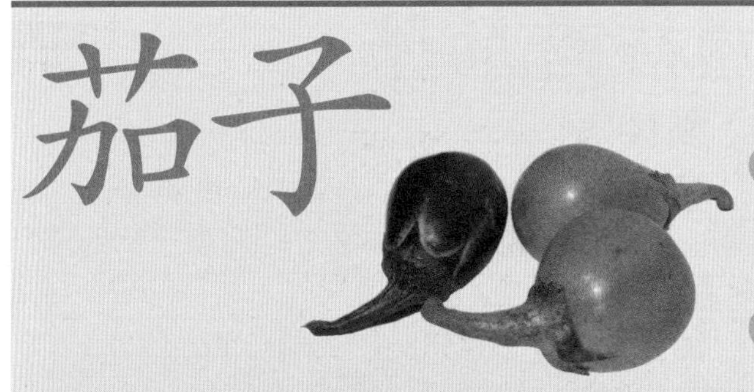

◆**营养价值**：含有蛋白质、脂肪、碳水化合物、维生素以及钙、磷、铁等多种营养成分。特别是维生素P的含量很高。

◆**食疗功效**：活血化淤、清热消肿、宽肠、防治坏血病、促进伤口愈合、保护心血管健康、降低胆固醇、预防动脉硬化、降血压、抗癌、抗氧化、延缓衰老。

选购窍门

◎应选择形状周正、颜色乌暗、皮薄肉松、分量较轻、无裂口、不腐烂、无斑点的嫩茄子。

储存之道

◎应放置在干燥、阴凉、低温、通风处储存。

烹调妙招

◎将茄子切好后立刻放入油锅中稍炸，再与其他食材一同炒食，可使茄子不易变色，也可使其更易入味；也可将切好后的茄子放入水中浸泡，烹制时再拿出，也能避免其变色。

烧椒麦茄

制作时间 17分钟

材料 茄子300克，青椒、红椒各30克，豆苗50克

调料 盐2克，蒜末、酱油、辣椒酱各3克

做法

1. 茄子洗净，打花刀切长条。
2. 青、红椒分别洗净切丁。
3. 豆苗洗净，摆到盘子周围做装饰。
4. 油烧热，入茄子炒熟，加入盐、酱油、辣椒酱炒匀。
5. 茄子出锅倒入豆苗中间，将青椒、红椒和蒜末拌匀，倒在茄子上。

京扒茄子

制作时间 10分钟

材料 茄子300克

调料 盐、豆瓣酱适量，红椒、蒜、香菜各适量

做法

1. 将茄子洗净，切片。
2. 红椒、蒜洗净，切碎。
3. 香菜洗净，切段。
4. 锅中烧热适量油，放入茄子稍炸，捞起。
5. 锅中留油，放入蒜子、红椒爆香，下入茄子，调入豆瓣酱、盐，炒熟，撒上香菜即可。

蒜香茄子

制作时间 23分钟

材料 茄子300克，蒜少许

调料 葱1根，姜1小块，白糖、豆瓣酱各20克，酱油、料酒各10克，盐5克

做法

1. 茄子切块，放水中浸泡10分钟，捞出沥水。
2. 葱洗净，斜切成段。
3. 姜洗净切片。
4. 蒜洗净切片。
5. 锅烧油，倒入蒜片炒香，再下茄块炸成金黄色。
6. 下入豆瓣酱和其他调味料，炒匀即可。

蒜炒茄丝

制作时间 25分钟

材料 茄子400克，白芝麻3克

调料 蒜、葱各10克，辣椒酱5克，盐2克

做法

1. 茄子洗净切条，蒸软备用。
2. 蒜、葱分别洗净，切碎。
3. 白芝麻洗净沥干。
4. 锅中倒油烧热，下入蒜炸香，再下茄子条炒熟。
5. 加入盐、辣椒酱和白芝麻炒匀至入味，出锅撒上葱花即可。

尖椒炒茄片

制作时间 18分钟

材料 茄子500克，青尖椒、红尖椒各100克

调料 酱油20克，盐5克，味精1克

做法

1. 茄子洗净，切片待用。
2. 青尖椒、红尖椒洗净，切小片。
3. 锅中烧热加油，放进尖椒和茄子片一起滑炒，炒至将熟时。
4. 下酱油、盐、味精，炒匀装盘即可。

芹菜

◆**营养价值**：含有丰富的植物蛋白、纤维素、B族维生素、维生素P以及钙、铁、磷等矿物质。

◆**食疗功效**：增进食欲、通便、健脑、促进血液循环、降血压、降血脂、保护血管、预防软骨病和大肠癌、保持肌肤健美、减肥。

选购窍门

◎应选择洁净、肉质较厚、质地紧密、菜心结构完好、分枝脆嫩易折断、无损伤、无黄叶的芹菜。

储存之道

◎应在低温、阴凉处储存，或用保鲜膜包好放入冰箱储存，适宜直立存放。

烹调妙招

◎炒食芹菜时，可先将芹菜在沸水中焯一下，过凉，这样可使炒出来的芹菜菜色翠绿，更重要的是可以减少炒制时间，使芹菜吃起来更健康。

板栗炒西芹

制作时间 10分钟

材料 西芹、熟板栗各300克

调料 盐3克，味精1克

做法

1. 西芹洗净，斜切成小段。
2. 熟板栗去壳、去皮，洗净。
3. 锅倒水烧开，放入西芹段焯烫后捞出，沥干水分。
4. 另起锅倒油烧热，放入西芹段、板栗翻炒。
5. 加入盐、味精炒至入味，出锅即可。

西芹炒双果

制作时间 15分钟

材料 百合80克，西芹50克，腰果、白果各100克

调料 盐3克，白糖5克

做法

1. 百合切去头尾，分开数瓣；西芹洗净，切丁；腰果和白果分别洗净。
2. 热油，放入腰果炸至酥脆，捞起。
3. 另放油烧热，放入白果及西芹丁，大火翻炒约1分钟。
4. 再放入百合、盐、白糖，大火翻炒约1分钟，盛出。
5. 撒上放凉的腰果即可。

芹菜肉丝

制作时间 3分钟

材料 芹菜100克，红椒15克，瘦肉50克，姜片、蒜末、葱白各少许

调料 食用油30毫升，盐3克，味精、食粉、白糖、蚝油、料酒、水淀粉各适量

食材处理

①将洗净的芹菜切成段。

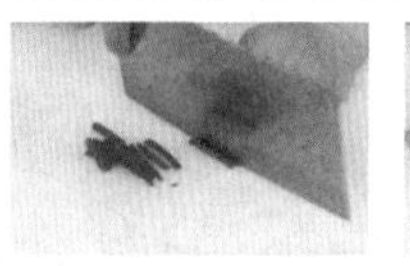

②洗净的红椒切成丝。

③洗净的瘦肉切成丝。

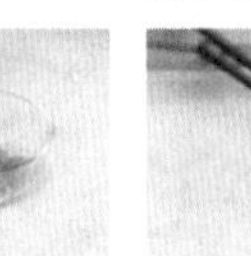

④肉丝装入碗中后加少许盐、味精、食粉拌匀。

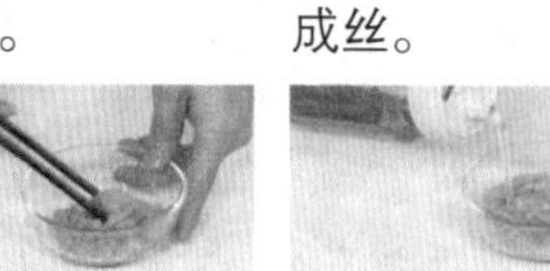

⑤再加入少许水淀粉拌匀。

⑥淋入少许食油，腌渍10分钟。

制作指导 芹菜易熟，所以入锅炒制的时间不能太长，否则成菜口感不脆嫩。

制作步骤

①热锅注油，烧至五成热，倒入肉丝。

②滑油约1分钟至变白，捞出备用。

③锅留底油，倒入姜片、蒜末、葱白、红椒炒香。

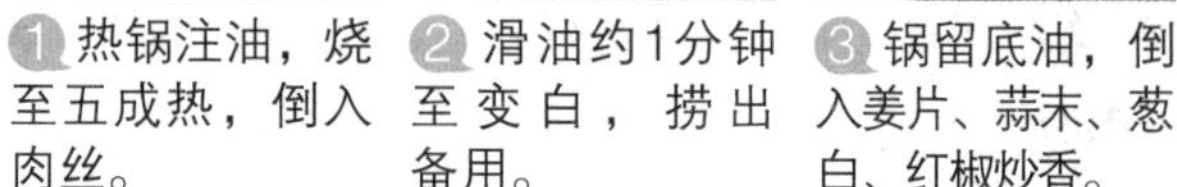

④倒入芹菜炒匀。

⑤倒入肉丝，加盐、味精、白糖。

⑥淋上蚝油、料酒，炒约1分钟至入味。

⑦加入少许水淀粉勾芡。

⑧翻炒均匀。

⑨盛入盘中即可。

西芹炒百合

制作时间 12分钟

材料 百合100克，西芹300克

调料 盐3克，鸡精2克，红椒适量

做法 ①西芹洗净，切成菱形块；百合洗净，掰成小瓣。②把西芹块、百合放入沸水焯水，烫至刚熟时捞起。③热锅下油，下入西芹、百合、红椒翻炒熟，放入盐、鸡精调味即可。

黄豆炒香芹

制作时间 75分钟

材料 黄豆300克，香芹150克，红椒1个

调料 盐5克，味精2克

做法 ①香芹洗净切段；红椒洗净切块；黄豆泡软。②将黄豆放入锅中，加入适量水煮1小时至熟。③油烧热，放入红椒块炒香，加入香芹段、黄豆炒匀，调入盐、味精炒入味即可。

雀巢杂菜丁

制作时间 20分钟

材料 胡萝卜、荷兰豆、青瓜、西芹、百合各50克

调料 彩椒1个，白糖3克，盐3克，鸡精2克

做法 ①彩椒、胡萝卜洗净切菱形片；西芹洗净切片；百合洗净去根部；荷兰豆去筋切菱形段。②净锅上火，放水煮沸，加少量白糖，放进备好的原材料，焯后捞出沥干水分。③烧热油，倒入焯好的原材料，调入盐、鸡精炒匀，翻炒至熟，盛出装盘即可。

土豆丝炒芹菜

制作时间 3分钟

材料 土豆120克，芹菜100克，红椒丝少许

调料 盐、鸡粉、白糖、食用油各适量

做法 ①锅注油烧热，倒入土豆、芹菜、红椒丝。翻炒2分钟至熟；加入盐、鸡粉、白糖。②拌炒至入味；盛入盘中即可。

芥蓝

◆**营养价值**：含有丰富的维生素A、维生素C、钙、蛋白质、脂肪和植物醣类。

◆**食疗功效**：利水化痰、增进食欲、促进消化、防治便秘、消暑祛热、降低胆固醇、软化血管、预防心脏病。

选购窍门

◎应选择叶片颜色翠绿鲜嫩、菜杆粗细适中的芥蓝。

储存之道

◎应在低温、阴凉处储存。

烹调妙招

◎芥蓝味苦，可在翻炒时放入糖、料酒或豉油，以减少苦涩感。芥蓝不易熟透，其所需的烹制时间较长，因此用芥蓝熬汤时要多放一些水。

芥蓝炒核桃仁

制作时间 25分钟

材料 芥蓝150克，核桃仁100克

调料 盐3克，酱油5克

做法

1. 芥蓝洗净，削去老皮，切段。
2. 核桃仁洗净。
3. 水烧沸，下入芥蓝焯水至七成熟时，捞出。
4. 油烧热，下入核桃仁炒至干香。
5. 加入芥蓝一起翻炒至熟。
6. 加酱油和盐调味即可。

白菜头炒芥蓝

制作时间 13分钟

材料 白菜头、芥蓝茎各300克，白芝麻30克

调料 盐3克，辣椒油适量

做法

1. 将白菜头洗净，切片。
2. 芥蓝茎洗净。
3. 白芝麻入锅中炒香备用。
4. 烧沸适量清水，放入白菜头、芥蓝茎焯烫断生，捞起，盛于碗中。
5. 倒入辣椒油、盐，拌匀。
6. 入白芝麻，充分搅匀，即可食用。

白果

◆**营养价值**：含有丰富的粗蛋白、还原糖、核蛋白、粗纤维、核黄素、胡萝卜素、维生素C、钙、磷、铁、钾、镁、硒等营养元素。

◆**食疗功效**：杀菌抑菌、固肾、益智健脑、活血、滋阴养颜、延年益寿。

选购窍门

◎应选择个大、光亮、颜色净白、晃动无声响的鲜白果。

储存之道

◎应放置在干燥、通风处储存。

烹调妙招

◎白果有毒，应去壳、去红软膜、去胚煮食。

白果烩三珍

制作时间 23分钟

材料 牛肝菌、竹荪、上海青各150克，白果50克

调料 盐3克，鸡精1克，淀粉5克

做法

1. 牛肝菌、竹荪分别泡发，洗净切片。
2. 白果洗净，备用。
3. 上海青洗净，烫熟摆盘。
4. 淀粉加水拌匀。
5. 油烧热，入牛肝菌、竹荪、白果炒熟。
6. 下盐和鸡精调味，用淀粉勾芡，出锅倒在上海青中间即可。

白果炒五鲜

制作时间 17分钟

材料 白果、木耳各100克，红豆、西芹、百合各20克

调料 盐3克，味精1克，清汤适量

做法

1. 西芹洗净，切段。
2. 木耳、百合洗净，撕成小片。
3. 将洗过的红豆、白果分别焯水后捞出。
4. 锅内放油，放入木耳、白果、红豆、西芹段，加少许清汤煸炒。
5. 最后加入百合翻炒至熟，调入盐、味精即可。

空心菜

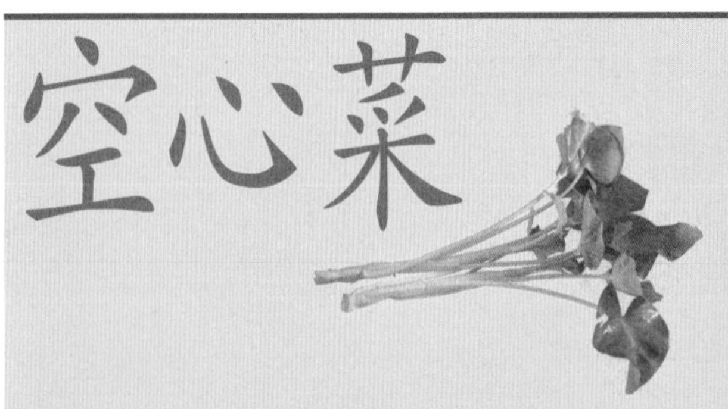

◆**营养价值**：含有丰富的维生素C、烟酸、粗纤维、钾、钙等营养元素。

◆**食疗功效**：通便解毒、防癌、洁齿防龋、除口臭、降脂减肥、美容、预防感染、防暑解热、凉血排毒、防治痢疾。

选购窍门

◎应选择新鲜细嫩、颜色浓绿、茎叶完整、叶片宽大、茎部较短、无须根、无黄斑、不发软的空心菜。

储存之道

◎应在低温、阴凉处储存

烹调妙招

◎烹调前先将空心菜放入水中浸泡半小时，可使发软的空心菜恢复鲜嫩口感。

腐乳空心菜

制作时间 15分钟

材料 空心菜500克，红辣椒、红腐乳各30克

调料 盐3克

做法

1. 将空心菜洗净，去根。
2. 红辣椒洗净，切圈。
3. 锅置火上，倒入适量清水烧沸，放入空心菜焯烫片刻，捞起，沥干水。
4. 油加热，放入红腐乳炒香，放入空心菜，调入盐。
5. 撒上红辣椒，炒匀至熟即可。

腊八豆炒菜梗

制作时间 15分钟

材料 腊八豆150克，空心菜梗200克

调料 盐3克，红椒30克

做法

1. 将空心菜梗洗净，切段。
2. 红椒洗净，去籽，切条。
3. 锅中水烧热，放入空心菜梗焯烫一下，捞起。
4. 锅置火上，烧热油，放入腊八豆、空心菜梗、红椒。
5. 调入盐，炒熟即可。

山药

◆营养价值：含有大量的视黄醇、钾、钙、镁、磷、硒等营养元素。

◆食疗功效：健脾胃、助消化、止泻、止咳化痰、滋肾益精、养护肌肤、强健机体、防止动脉粥样硬化、降低血糖、减肥。

选购窍门

◎应选择表皮光滑无伤痕、根块完整、肉质肥厚、颜色均匀有光泽、须毛多、质量较重、断面雪白、黏液多而水分少的山药。

储存之道

◎未切开的山药可在低温、阴凉、干燥、通风处储存，切开的山药应包上保鲜膜放入冰箱储存。

烹调妙招

◎给山药削皮时要戴上手套，防止山药的黏液接触皮肤而引起刺痒。做山药泥时，先将山药洗净煮熟，再去皮，这样不伤手，还能使煮出的山药洁白如玉。削过皮的山药可先放入醋水中，能防止变色。

彩椒木耳山药

制作时间 25分钟

材料 红椒、青椒、黄椒50克，山药100克，水发木耳50克

调料 盐3克

做法

1. 将红椒、青椒、黄椒洗净，去籽切块。
2. 山药洗净，去皮切片。
3. 水发木耳洗净，撕成小朵。
4. 锅中倒油烧热，放入所有原料，翻炒。
5. 最后调入盐，炒熟即可。

鲜桃炒山药

制作时间 22分钟

材料 五指鲜桃2个，鲜淮山500克

调料 盐5克，糖10克，鲜奶25克，淀粉少许

做法

1. 将鲜桃、鲜淮山分别洗净切片。
2. 锅中注适量水烧开，放入切好的原材料焯烫，捞出，入油锅中翻炒。
3. 加入调味料炒匀，勾芡出锅即可。

茭白

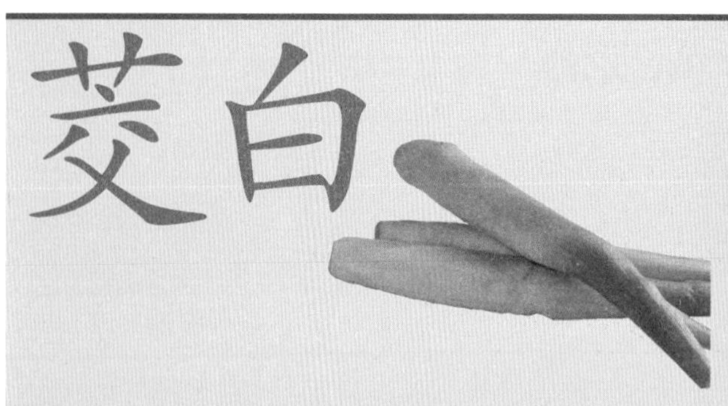

◆**营养价值**：含有丰富的胡萝卜素、维生素E、磷、钾、硒等营养元素。

◆**食疗功效**：清湿热、解毒解酒、通便利尿、止烦渴、强身健体、细润美白肌肤、治疗黄疸型肝炎等。

选购窍门

◎应选择肉质肥大、肉色洁白、新鲜柔嫩、味甜的茭白。

储存之道

◎最好即买即食，或用保鲜膜包好放入冰箱冷藏。

烹调妙招

◎茭白可凉拌，或与肉类、蛋类同炒，还可做成水饺、包子、馄饨的馅料，或做成腌制品食用。

辣味茭白

制作时间 22分钟

材料 茭白250克，辣椒50克

调料 盐5克，味精1克，葱花5克，蒜蓉5克

做法

1. 茭白洗净后切成细丝。
2. 辣椒洗净切成段。
3. 锅中加水烧开，下入茭白丝稍焯后捞出。
4. 起锅烧油，下入蒜蓉、葱花、辣椒爆香后加入茭白丝一起拌炒。
5. 待熟后调入盐、味精即可。

西红柿炒茭白

制作时间 25分钟

材料 茭白500克，西红柿100克

调料 盐、味精、料酒、白糖、水淀粉各适量

做法

1. 将茭白洗净后，切块。
2. 西红柿洗净切块。
3. 锅加油烧热，下茭白炸至外层稍收缩，色呈浅黄色时捞出。
4. 锅内留油，倒入西红柿、茭白、清水、味精、料酒、盐、白糖焖烧。
5. 至汤较少时，勾芡即可。

包菜

◆**营养价值**：含有丰富的膳食纤维、植物蛋白、叶酸、胡萝卜素、维生素C、钙、钾、硒等营养元素。

◆**食疗功效**：增进食欲、促进消化、预防便秘、抑菌消炎、补血、迅速愈合溃疡、提高人体免疫力、预防感冒、强壮筋骨、保护肝脏、美容养颜、抗癌。

选购窍门

◎应选择颜色发绿、包卷结实、层次较松散、生脆鲜嫩、分量较重的包菜。

储存之道

◎应在低温、阴凉、通风处储存，或包上保鲜膜放入冰箱冷藏。

烹调妙招

◎烹制包菜时，用甜面酱代替酱油，可使包菜无异味。

辣包菜

制作时间 18分钟

材料 包菜400克，干红辣椒2个，蒜2瓣

调料 盐3克，香油适量，葱丝10克，姜丝5克

做法

1. 包菜、干红辣椒洗净，切丝。
2. 蒜切末。
3. 将包菜丝放沸水中焯一下，捞出，再放凉开水中过凉，捞出盛盘。
4. 油烧热，放辅料炒出香味，再加入调味料，炒成调味汁。
5. 将味汁浇在包菜上，拌匀即可。

炝炒包菜

制作时间 13分钟

材料 包菜300克，干辣椒10克

调料 盐5克，醋6克，味精1克

做法

1. 包菜洗净，切三角片状。
2. 辣椒剪小段。
3. 油烧热，下入干椒段炝炒出香味。
4. 下入包菜片，炒熟后，再加入盐、醋、味精炒匀即可。

辣爆包菜

制作时间 15分钟

材料 包菜400克，干辣椒50克

调料 生抽10克，醋适量，盐4克，鸡精1克

做法

1. 将包菜洗净，切片。
2. 干辣椒洗净，切段。
3. 锅加入适量油烧a热，放入干辣椒爆香，倒入包菜，加生抽炒匀。
4. 加入适量醋、盐和鸡精调味，装盘即可。

泡椒炒包菜

制作时间 13分钟

材料 包菜200克，胡萝卜50克，泡椒50克

调料 香油、盐、花椒、八角、干辣椒各适量

做法

1. 将包菜、胡萝卜洗净，切片。
2. 泡椒洗净。
3. 炒锅注油烧热，放入花椒、八角、干辣椒炒香，倒入包菜和胡萝卜翻炒均匀。
4. 加入泡椒同炒至熟。
5. 加入香油、盐，装盘。

农家手撕包菜

制作时间 0分钟

材料 包菜400克，干辣椒30克

调料 老抽15克，盐4克，鸡精1克

做法

1. 包菜洗净，撕成小片。
2. 加料酒和老抽腌渍。
3. 干辣椒洗净，切段。
4. 油烧热，下入干辣椒煲香，倒入包菜翻炒。
5. 加入盐和鸡精调味，起锅装盘。

糖醋包菜

制作时间 15分钟

材料 包菜400克，红椒20克

调料 糖、醋、老抽、蚝油、香油各适量，盐3克，鸡精1克

做法

1. 将包菜洗净，用手撕成大片。
2. 红椒洗净，切丝。
3. 炒锅置火上，注油烧热，放入包菜炝炒，加入红椒丝、醋、老抽、蚝油、香油、糖、盐和鸡精炒至入味。
4. 起锅装盘即可。

椒丝包菜

制作时间 15分钟

材料 包菜350克，红椒50克，姜20克

调料 盐3克，鸡精1克

做法

1. 将包菜洗净，切长条。
2. 红椒洗净，切丝。
3. 姜去皮，洗净，切丝。
4. 炒锅注油烧热，放入姜丝煸香，倒入包菜翻炒，再加入红椒丝同炒均匀。
5. 加盐和鸡精调味，起锅装盘即可。

蒜炒包菜

制作时间 15分钟

材料 包菜300克，蒜15克

调料 盐5克

做法

1. 包菜洗净，切成4厘米见方的块。
2. 蒜去皮洗净拍碎。
3. 锅中注油烧热，放入蒜爆香，加入包菜一同炒至软。
4. 再加入少许水，调入盐翻炒至熟即可。

芋头

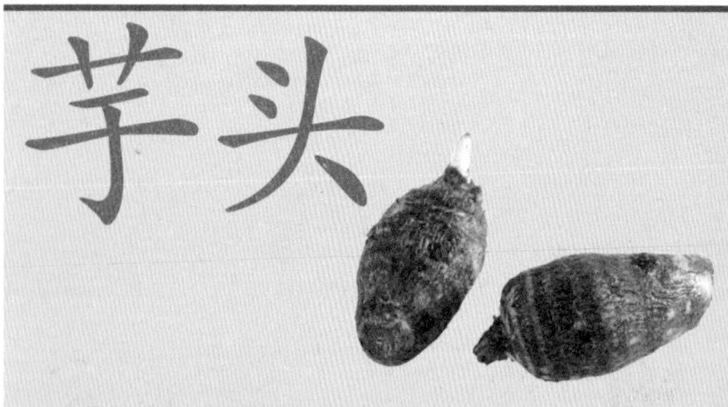

◆**营养价值**：含有丰富的淀粉、蛋白质、胡萝卜素、烟酸、B族维生素、维生素C、皂角苷、钙、磷、铁、钾、镁等营养元素。

◆**食疗功效**：化痰、开胃、解毒、消肿止痛、提高人体免疫力、抗癌、洁齿、防治龋齿、调整人体酸碱平衡、美发养颜。

选购窍门

◎应选择结实、无斑点、切口新鲜的芋头。

储存之道

◎芋头不耐低温，因此新买回的芋头不能放入冰箱或气温低于7℃的地方储存，应放在较温暖的干燥、避光、通风处储存。

烹调妙招

◎先将芋头放在火上烤一下，或先用姜擦拭几遍，再对其进行剥洗，可以缓解手部与其接触时产生的皮肤发痒等症状；也可戴上橡胶手套对芋头进行剥洗。

葱油炒芋头

制作时间 25分钟

材料 芋头500克，葱15克

调料 葱末10克，盐2克，味精2克

做法

1. 芋头洗净，切成小段。
2. 葱洗净切成段。
3. 炒锅置旺火上，放油烧热，下葱段炸黄炸香，捞出葱段，盛出葱油。
4. 炒锅置旺火上，放油烧热，下葱段炸黄炸香，捞出葱段，盛出葱油。

家乡炒芋头

制作时间 25分钟

材料 芋头200克，洋葱丝、红椒丝、蒜瓣各30克

调料 酱油、辣椒粉、葱末、高汤、味精各适量

做法

1. 芋头去皮洗净，切薄片，放在热水中漂去表层淀粉，捞出，控尽水。
2. 油烧热，将芋头片放入其中，待炸至表面金黄色时，捞出控尽余油。
3. 油烧开，入辅料爆炒，加入酱油和炸好的芋头片。
4. 加入高汤、味精、葱末即可。

酸菜

◆**营养价值**：含有蛋白质、糖类、无机盐、维生素、乳酸、三磷酸腺苷等营养物质。

◆**食疗功效**：开胃消食、通便、抗菌抑菌，还可治疗慢性肝炎、慢性心肌炎、多发性神经炎等疾病。

选购窍门

◎应选择颜色自然、呈淡黄色至深黄褐色，无异味，在保质期内的酸菜。

储存之道

◎应密封、避光储存。

烹调妙招

◎冬季是制作酸菜的最佳季节。

酸菜炒粉皮

制作时间 20分钟

材料 包菜200克，粉皮200克

调料 鸡精、盐、生抽、陈醋、白糖、干辣椒、葱段各适量

做法

1. 将包菜洗净沥干水分，放入冷开水里，以浸盖住包菜为准，加入陈醋、盐、白糖、干辣椒浸泡一天即成酸菜。
2. 酸菜切片；粉皮切片。
3. 热锅下油，下入酸菜炒至五成熟，再下入粉皮、干辣椒、葱段翻炒至熟。
4. 调入盐、生抽、鸡精即可。

酸菜炒粉条

制作时间 10分钟

材料 酸菜100克，粉条300克，蒜苗80克

调料 盐3克，生抽、鸡精各适量

做法

1. 将酸菜洗净，切丝。
2. 蒜苗洗净，切段。
3. 粉条放入沸水中煮熟后过冷水沥干。
4. 热锅放油，加入酸菜丝、蒜苗段、粉条翻炒至熟。
5. 调入盐、鸡精、生抽炒匀即可。

洋葱

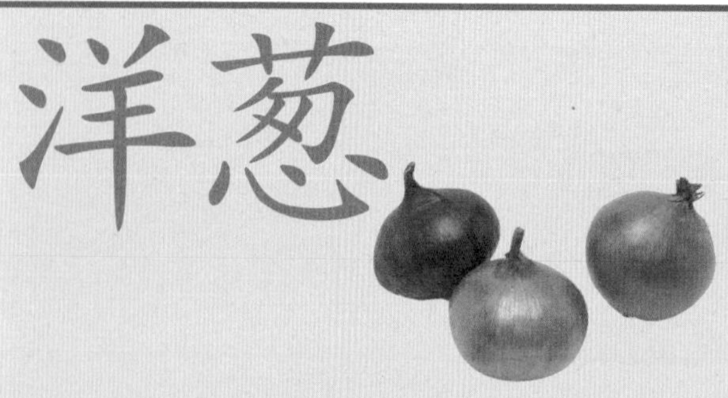

◆**营养价值**：富含B族维生素、钾、钙、锌、硒等营养元素，特别是微量元素硒，含量极高，能够帮助人体降低患癌症的风险。

◆**食疗功效**：杀菌消炎、散寒发汗、健胃、祛痰、降低血脂、降低血压、降低血糖、抗癌、增强抵抗力和抗病能力。洋葱可杀灭金黄色葡萄球菌和白喉杆菌，帮助防治流行性感冒。

选购窍门

◎应选择尖头部分干燥、表皮光滑、颜色正常、果实坚硬不变形的洋葱。

储存之道

◎应放置在低温、阴凉、干燥、通风处储存。

烹调妙招

◎洋葱内含有丙硫醛氧化硫，这种物质能在人眼内生成低浓度的亚硫酸，对人眼造成刺激而催人泪下。由于丙硫醛氧化硫易溶于水，切洋葱时，放一盆水在身边，丙硫醛氧化硫刚挥发出来便溶解在水中，这样可减轻其对眼睛的刺激；若将洋葱放入水中切，则不会刺激眼睛；另外，将洋葱冷冻后再切，可使丙硫醛氧化硫的挥发性降低，也可减少对眼睛的刺激。

南瓜炒洋葱

制作时间 25分钟

材料 洋葱、南瓜各100克

调料 盐、醋各6克，白糖5克，姜丝、蒜末各适量，胡椒粉少许

做法

1. 南瓜去皮，洗净切块。
2. 洋葱剥去老皮，洗净切圈。
3. 锅置火上，加油烧热，先炒香姜丝、蒜末，再放入洋葱和南瓜翻炒，放少许水焖煮一会儿。
4. 调入盐、醋、白糖、胡椒粉，翻炒均匀即可出锅。

双椒洋葱圈

制作时间 17分钟

材料 洋葱、青辣椒、红辣椒各1个

调料 醋、盐、胡椒粉、白糖、水淀粉各适量

做法

1. 洋葱洗净切圈。
2. 青、红辣椒洗净，切圈。
3. 油烧热先入青、红辣椒圈煸炒，再放入洋葱圈煸炒。
4. 加入盐、醋、胡椒粉、白糖调味，用水淀粉勾一层薄芡即可出锅。

第3部分

菌豆养生小炒

菌类和豆类食物集食品的良好特性于一身，具有高蛋白、低脂肪、低胆固醇、多膳食纤维的特点，营养价值极高，被称为“长寿食品”。这一类食物也适宜用旺火快炒之法来烹饪，这里列举多个菜例，助你炒出好吃健康的养生佳肴。

金针菇

◆**营养价值** 含有胡萝卜素、B族维生素、维生素E、磷、钾、镁、锌、硒等营养元素，特别是微量元素锌的含量极高，可健脑和促进生长发育，被誉为“益智菇”。

◆**食疗功效**：可补肝、抗肿瘤、抗癌、增强智力、降低胆固醇、降低血脂、防治心脑血管疾病、抗菌消炎、清除重金属盐类物质等。

选购窍门

◎应选择均匀整齐、未开伞、无褐根、根部少粘连的鲜嫩金针菇。

储存之道

◎应放入冰箱冷藏并尽快食用。

烹调妙招

◎烹制金针菇之前，应先将其放入冷水中浸泡1个小时，以去除其杂质和有害物质，再进行后续烹饪。

荷兰豆金针菇

制作时间 15分钟

材料 荷兰豆、金针菇各100克，青、红辣椒各20克

调料 盐3克，生抽10克

做法

1. 金针菇洗净，焯水，晾干备用。
2. 荷兰豆、青红辣椒均洗净，切丝，一同焯水后沥干。
3. 油锅烧热，加入青、红辣椒炒香，放入金针菇、荷兰豆，翻炒至熟。
4. 加入盐、生抽调味，同炒30秒，起锅装盘即可。

金针菇炒三丝

制作时间 17分钟

材料 金针菇600克，葱丝、胡萝卜丝、豆腐皮条各适量

调料 清汤、麻油各适量

做法

1. 金针菇洗净。
2. 锅内油烧热，放葱丝、胡萝卜丝、豆腐皮条炒香后放入少许清汤调好味。
3. 倒入金针菇炒匀，淋上麻油即可。

香菇

◆**营养价值**：含有丰富的植物蛋白、糖类、多种氨基酸、多种维生素和矿物质，特别是维生素C的含量极为丰富。

◆**食疗功效**：增进食欲、通便、解毒、抗病毒、抗肿瘤、抗癌、促进新陈代谢、提高抗病能力。

选购窍门

◎应选择肉质较硬、味道浓郁的香菇。

储存之道

◎干香菇应放置在干燥、阴凉、低温处储存，发好的香菇应放入冰箱冷藏。

烹调妙招

◎将干香菇放入热水中浸泡，用筷子轻轻敲打，其中的泥沙就会掉入水中，待香菇泡发好后，再进行后续烹饪。

鱼露炒什菇

制作时间 15分钟

材料 鸡腿菇、茶树菇、莴笋、香菇、彩椒各适量

调料 鱼露50克，盐4克，味精2克

做法

1. 莴笋洗净削皮切片。
2. 彩椒洗净去蒂籽切片。
3. 莴笋过水备用。
4. 鸡腿菇、茶树菇、香菇洗净，切块后，放入沸水中氽烫，捞出沥水备用。
5. 炒锅上火，油烧热，炒香彩椒，放入原材料及调味料，炒香入味即成。

莴笋香菇

制作时间 8分钟

材料 莴笋100克，鲜香菇、胡萝卜各80克

调料 盐、味精、生抽、香油各适量

做法

1. 莴笋去皮洗净，切片。
2. 香菇洗净，切块。
3. 胡萝卜洗净，切片。
4. 将莴笋、香菇、胡萝卜放入沸水锅焯水后捞出。
5. 油锅烧热，下入莴笋、香菇、胡萝卜同炒。
6. 调入盐、味精、生抽炒熟，起锅淋入香油即可。

香菇豆干丝

制作时间 4分钟

材料 鲜香菇30克，白豆干150克，姜片、蒜末、葱段、红椒丝各少许

调料 盐4克，鸡粉2克，生抽、蚝油、水淀粉、料酒、食用油各适量

食材处理

①将洗好的鲜香菇去除蒂，改切成丝。

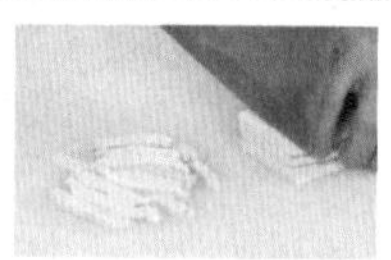

②洗净的白豆干切成丝。

③锅中注水烧开，加入盐，倒入香菇拌匀。

④煮沸即可捞出。

⑤锅注油，烧至四成热，倒入白豆干。

⑥炸约半分钟至表皮发硬后捞出。

制作指导 白豆干不可炸太久，太硬会失去其柔韧的口感。

制作步骤

①锅留底油，倒入姜片、蒜末、葱段、红椒丝爆香。

②倒入香菇、白豆干，拌炒均匀。

③淋入少许料酒炒香。

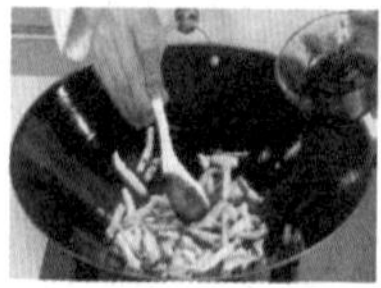

④加入生抽、蚝油、盐、鸡粉。

⑤拌炒约1分钟入味。

⑥加入水淀粉勾芡。

⑦再淋入熟油炒匀。

⑧盛出装盘即可。

草菇

◆**营养价值**：含有丰富的粗蛋白、糖类、多种氨基酸、维生素C、磷、钙、钾等营养元素。

◆**食疗功效**：清热解暑、消食、保护肝脏、补益气血、强身健体、降血压、降血脂、防治坏血病、促进伤口愈合、增强人体免疫力、防治癌症。

选购窍门

◎应选择粗壮、大小均匀、肉质鲜嫩、菇伞未开或开面较小、无霉变、无杂质的草菇。

储存之道

◎干品应放置在干燥、阴凉、低温储存，鲜品应放入冰箱冷藏。

烹调妙招

◎先将干草菇放入热水中浸泡，待泡发好后，再进行后续烹任。

鲍汁草菇

制作时间 15分钟

材料 鲍汁200克，草菇200克，菜心50克

调料 盐、味精各3克，老抽10克，料酒12克，白糖15克

做法

1. 草菇洗净，对半剖开，用热水焯过后，晾干备用；菜心洗净。
2. 油烧热，下料酒、草菇翻炒，加入盐、老抽、白糖翻炒至汁收，放入鲍汁焖煮。
3. 煮至汤汁收浓时，下菜心稍炒后加入味精调味，起锅装盘即可。

草菇炒雪里蕻

制作时间 15分钟

材料 草菇200克，雪里蕻150克

调料 盐3克，红椒15克

做法

1. 将草菇洗净，切片。
2. 雪里蕻洗净，切碎。
3. 红椒洗净，去籽切块。
4. 烧热水，放入草菇片焯烫片刻，捞起，沥干水。
5. 另起锅，倒油烧热，放入草菇片、雪里蕻、红椒块翻炒，调入盐，炒熟即可。

滑子菇

◆**营养价值**：含有丰富的糖类、植物蛋白、多种氨基酸、维生素C、维生素E、烟酸和多种矿物质。

◆**食疗功效**：润肠通便、健脑益智、抑制肿瘤、抗菌抑菌等。

选购窍门

◎应选择菇体粗壮、大小匀称、肉质鲜嫩、无霉变、无杂质的滑子菇。

储存之道

◎干品应放置在干燥、阴凉、低温储存，鲜品应放入冰箱冷藏。

烹调妙招

◎先将干草菇放入热水中浸泡，待泡发好后，再进行后续烹饪。

青豆炒滑子菇

制作时间 15分钟

材料 滑子菇150克，红椒、青豆各适量

调料 葱花、蒜末、酱油、盐、水淀粉、香油各适量

做法

1. 红椒洗净切段；滑子菇先用清水泡10分钟，洗净，焯水；青豆洗净焯水。
2. 锅里放适量的油，放入葱花、蒜末、红椒段煸香。
3. 下入滑子菇、青豆翻炒，调入酱油、盐，快出锅时用水淀粉勾芡，淋入香油即可。

蚝汁扒群菇

制作时间 22分钟

材料 平菇、口蘑、滑子菇、金针菇各100克

调料 青、红椒各10克，盐3克，料酒10克，蚝油15克

做法

1. 平菇、口蘑、滑子菇、金针菇均洗净，焯烫；青、红椒洗净切片。
2. 油烧热，下料酒，将材料炒至快熟时，加入盐、蚝油翻炒入味。
3. 汁快干时，加入青、红椒片稍炒后，加入盐、味精调味即可。

牛肝菌

◆**营养价值**：含有极为丰富的蛋白质、多种维生素、16种氨基酸、11种矿物质元素，被称为“四大菌王”之一。

◆**食疗功效**：清热养血、舒筋活血、祛风散寒、补虚提神、防治感冒、抗癌、预防多种妇科疾病等。

选购窍门

◎应选择菌褶颜色浅、虫道少、味道甘甜的牛肝菌。

储存之道

◎鲜品应放入冰箱冷藏并尽快食用，干品应防止在干燥、阴凉处储存。

烹调妙招

◎可鲜食，也可干燥后配制成汤料，或制成腌渍品食用。

牛肝菌扒菜心

制作时间 17分钟

材料 牛肝菌400克，菜心200克，鲜汤200克

调料 盐8克，鸡精5克，香油3毫升，淀粉20克

做法

1. 牛肝菌洗净切片。
2. 菜心洗净。
3. 锅上火，将菜心炒熟，整齐码在盘中待用。
4. 牛肝菌炒香，下入盐、鸡精、鲜汤烧3分钟，用淀粉勾芡出锅。
5. 淋上香油，扒在菜心上即可。

尖椒炒牛肝菌

制作时间 15分钟

材料 青椒1个，红椒1个，牛肝菌200克

调料 盐、鸡精、味精、白糖、蒜各适量

做法

1. 青、红椒洗净切菱形片。
2. 牛肝菌洗净切块。
3. 蒜去皮切片。
4. 水烧开，放入牛肝菌焯烫，捞出沥水。
5. 油烧热，爆香蒜片和青、红椒，再加入牛肝菌，调入调味料，炒匀至熟装盘即可。

皱皮椒牛肝菌

制作时间 20分钟

材料 皱皮椒250克，牛肝菌、蒜片、鲜汤各适量

调料 盐、味精、胡椒粉各5克，鸡油15克，淀粉少许

做法

1. 皱皮椒、牛肝菌洗净切片。
2. 锅置火上，倒入鸡油，将牛肝菌煸香。
3. 下皱皮椒、蒜片，调入盐、味精、胡椒粉，掺入鲜汤，略烧一下。
4. 收汁勾芡，装盘即成。

乌椒牛肝菌

制作时间 17分钟

材料 牛肝菌500克，乌椒100克，姜10克，葱10克

调料 盐4克，味精2克，鸡精2克，蚝油10克，淀粉水10克

做法

1. 将乌椒去蒂、去籽切片；姜去皮切成片；葱择洗干净切段。
2. 牛肝菌泡发洗净，放入沸水中稍烫，捞出沥干水分备用。
3. 锅上火，油烧热，放入乌椒、姜片、葱段炒香，放入牛肝菌，调入调味料，炒匀入味即成。

爆炒鲜山菌

制作时间 18分钟

材料 鸡腿菇150克，滑子菇100克，香菇50克

调料 青椒、红椒、水淀粉各15克，盐、鸡精各2克

做法

1. 鸡腿菇、滑子菇、香菇、青椒、红椒洗净，切片。
2. 将鸡腿菇、滑子菇、香菇入沸水中焯水，捞出。
3. 油烧热，放入鸡腿菇、滑子菇、香菇爆炒。
4. 再加入青椒片、红椒片一起翻炒至熟。
5. 调入盐、鸡精，加水淀粉勾芡，装盘即可。

黑木耳

选购窍门

◎应选择乌黑光润、背面呈灰白色、大小均匀、耳瓣舒展、重量较轻、干燥、呈半透明状、涨发性好、无杂质、有清香味的黑木耳。

储存之道

◎应放置在干燥、避光、阴凉、通风处储存，或放入冰箱冷藏，注意密封防潮。

烹调妙招

◎将干木耳放入温水中加盐浸泡半小时，可使黑木耳变软，还能去除黑木耳中的细小杂质和残留沙粒。泡发后仍然紧缩在一起的部分应去掉，不宜食用。

◆**营养价值**：含有极为丰富的蛋白质、铁、钙、磷、胡萝卜素、维生素等营养物质，被称为“养血圣品”。

◆**食疗功效**：补血活血、养血驻颜、滋阴润燥、防治缺铁性贫血、防治动脉粥样硬化和冠心病、防治癌症、提高人体免疫力。

小葱黑木耳

制作时间 15分钟

材料 黑木耳200克，小葱20克，红椒1个

调料 玉米油30克，盐6克，味精5克

做法

1. 黑木耳泡发洗净。
2. 小葱洗净切段。
3. 红椒洗净切丝。
4. 黑木耳入开水中焯后捞出，沥水。
5. 锅中下玉米油，爆香葱段、红椒，下入木耳及调味料，翻炒均匀即可。

大葱爆木耳

制作时间 20分钟

材料 大葱100克，黑木耳300克，红辣椒适量

调料 盐3克，味精1克，老抽15克，醋10克，葱少许

做法

1. 大葱洗净，分别切成片和末。
2. 黑木耳洗净泡发。
3. 红辣椒洗净，切片。
4. 油烧热，入大葱片炒香后放入黑木耳翻炒，再放入盐、老抽、醋、红辣椒翻炒。
5. 收汁时，加味精调味，撒上葱末即可。

豆腐

◆**营养价值**：含有铁、钙、磷、镁等人体必需的多种微量元素，以及糖类、植物油和丰富的优质蛋白，素有“植物肉”之美称。

◆**食疗功效**：健脾胃、增进食欲、促进消化、清热解毒、抗癌、促进牙齿和骨骼的发育、防治骨质疏松。

选购窍门

◎应选择颜色略黄、切面整齐、有弹性、无杂质的豆腐。

储存之道

◎应放入冰箱冷藏。

烹调妙招

◎烹调前先将鲜豆腐放在淡盐水中浸泡半小时，可使豆腐不易破碎；下锅前，再将豆腐放入开水中浸泡十分钟，可以去除豆腐中的泔水味。

茯苓豆腐

制作时间 23分钟

材料 老豆腐500克，茯苓30克，香菇适量

调料 盐、料酒、清汤、淀粉各适量

做法

1. 豆腐洗净挤压出水，切成小方块，撒上盐；香菇洗净切成片。
2. 将豆腐块下入高温油中炸至金黄色。
3. 清汤、盐、料酒倒入锅内烧开，加淀粉勾成白汁芡。
4. 下入炸好的豆腐、茯苓、香菇片炒匀即成。

烧虎皮豆腐

制作时间 20分钟

材料 豆腐250克，菜心100克

调料 葱丝、姜丝、酱油、盐、味精、胡椒粉、上汤、淀粉各适量

做法

1. 将豆腐洗净切条；菜心洗净。
2. 油烧热，入豆腐条炸至金黄，用热油淋菜心。
3. 锅中留油，爆香葱丝、姜丝，加入胡椒粉煸炒，溢出香味后加入上汤、酱油、盐、味精、豆腐条、菜心烧制。
4. 用淀粉勾芡后，淋入少许油出锅即可。

麻婆豆腐

制作时间 10分钟

材料 豆腐300克，花椒10克，辣椒油25克

调料 盐、豆瓣酱、淀粉、葱花、姜、蒜各5克

做法

1. 豆腐洗净切成四方小丁，焯熟；姜、蒜洗净，均切成末。
2. 油烧热，下入豆瓣酱炒至出味，下入辣椒油、花椒和水，最后下入豆腐烧5分钟，下入其他调味料后勾芡，撒上葱花即可。

农家豆腐

制作时间 27分钟

材料 豆腐200克，肉末、尖椒、姜末少许

调料 盐、味精、辣椒油、香油、料酒各适量

做法

1. 豆腐洗净切块；肉末用盐、料酒、姜末腌渍；尖椒洗净切圈。
2. 油锅烧热，炒香尖椒，另起油锅，入豆腐块炸至两面脆黄，加盐、味精、辣椒油调味，加水煮开，加入肉末，淋香油，拌匀后盛起即可。

韭菜炒豆腐

制作时间 20分钟

材料 韭菜200克，豆腐300克

调料 辣椒酱、淀粉各10克，盐3克，红椒5克

做法

1. 韭菜洗净切段；豆腐洗净切块；红椒洗净切圈；淀粉加水拌匀。
2. 锅中倒油烧热，入红椒圈爆香，下韭菜段炒熟，加豆腐块和盐翻炒。
3. 倒入辣椒酱，加水淀粉勾芡即可。

西红柿豆腐泥

制作时间 18分钟

材料 西红柿250克，豆腐2块

调料 葱花、盐、胡椒粉、水淀粉、香油各适量

做法

1. 将豆腐洗净按成蓉状；西红柿入沸水烫后去皮、去籽，切成粒；豆腐入锅，加西红柿、胡椒粉、盐、水淀粉、葱炒匀成豆腐泥，盛出。
2. 油锅烧热，倒入豆腐泥翻炒至香熟，加香油拌匀，起锅上桌。

豆制品

◆**营养价值**：含有丰富的植物蛋白、多种氨基酸、B 族维生素、纤维素以及钙、铁、磷等矿物质。

◆**食疗功效**：能够降低血脂、降低血压、减肥、预防动脉硬化、预防冠心病。

选购窍门

◎豆制品种类繁多，在购买时要注意却分品种，如豆腐皮、豆腐干、香干、臭干、臭豆腐、豆腐丝等。

储存之道

◎应放入冰箱冷藏。

烹调妙招

◎在烹制前，可用香葱、大蒜、生姜等食材焯烫豆制品，以去除其豆腥味。

豆豉香干毛豆

制作时间 20分钟

材料 香干、毛豆仁各100克，红椒10克

调料 盐3克，味精2克，豆豉5克

做法

1. 香干洗净，切丁。
2. 毛豆仁洗净。
3. 红椒洗净，切圈。
4. 油锅烧热，下香干、豆豉爆炒，再放入毛豆仁、红椒翻炒至熟。
5. 出锅前加入盐、味精，炒匀即可。

香菇炒豆腐丝

制作时间 15分钟

材料 豆腐丝200克，香菇6个，红辣椒2个

调料 白糖5克，香油10克，盐适量，味精少许

做法

1. 豆腐丝焯烫切段，加盐、白糖、味精拌匀。
2. 香菇洗净，泡发，去柄，切丝；红辣椒洗净，切成细丝。
3. 油烧热，放香菇丝和辣椒丝炒熟，倒在腌过的豆腐丝上，拌匀即可。

雪里蕻炒香干

制作时间 4分钟

材料 豆干100克，泡雪里蕻200克，青椒、红椒各15克，姜片、葱段各少许

调料 盐3克，味精3克，料酒3毫升，鸡粉3克，蚝油、豆瓣酱、食用油各适量

食材处理

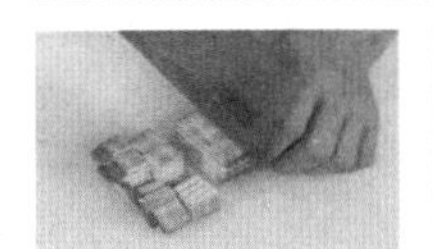

①将洗净的豆干切成丁。

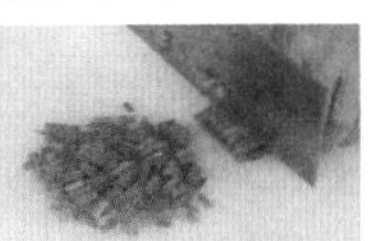

②泡雪里蕻切成丁。

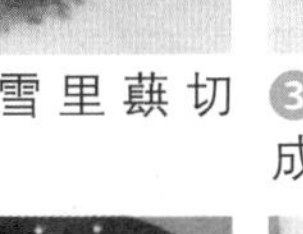

③洗净的青椒切成丁。

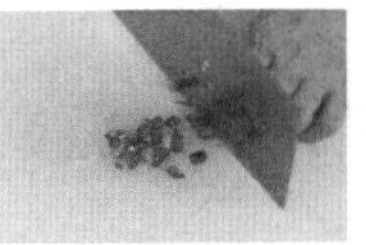

④洗净的红椒切成丁。

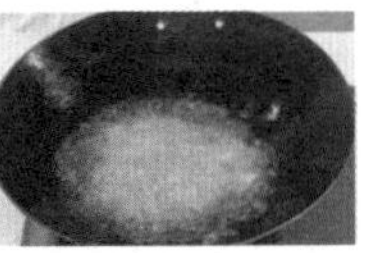

⑤热锅注油，烧至四成热，倒入豆干。

⑥滑油片刻，捞出备用。

制作指导 豆瓣酱一定要炒出红油，否则会影响成品的外观和口感。

制作步骤

①锅底留油，倒入姜片、葱段。

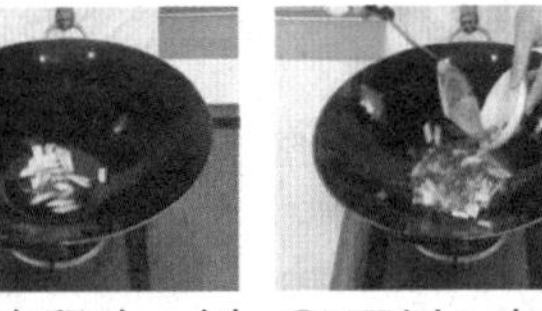

②再倒入青椒、红椒爆香。

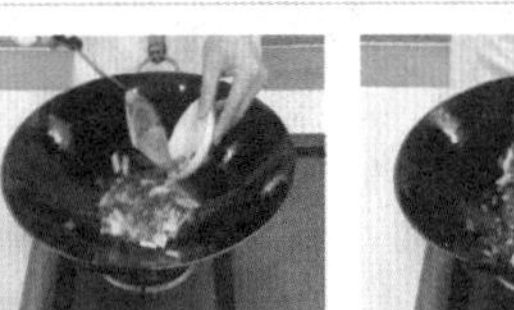

③倒入雪里蕻炒匀。

④再倒入豆干炒匀。

⑤加盐、味精、鸡粉、蚝油、料酒。

⑥再加入豆瓣酱。

⑦翻炒至入味。

⑧盛入盘中即可。

西芹炒豆腐干

制作时间 18分钟

材料 西芹500克，豆腐干150克

调料 葱段25克，盐、味精各适量

做法

1. 西芹、豆腐干分别洗净切片，放盘待用。
2. 西芹焯水，再用冷水冲洗，沥干水待用。
3. 油烧热，放入葱段、豆腐干、西芹煸炒，加盐炒入味。
4. 点入味精炒匀，出锅装盘即可。

青椒臭干

制作时间 20分钟

材料 青椒25克，臭干250克

调料 盐4克，味精5克

做法

1. 青椒洗净改刀切成丝。
2. 臭干切成丝。
3. 锅置火上，倒入适量油，入臭干炒，然后放青椒一起炒。
4. 加盐、味精炒入味即可起锅。

蒜苗豆腐干

制作时间 22分钟

材料 萝卜干150克，豆干丁120克，红辣椒1个

调料 生抽20克，糖5克，麻油10克，蒜苗1根

做法

1. 萝卜干洗净，剁成丁。
2. 红辣椒洗净切片。
3. 蒜苗洗净切成段。
4. 锅内烧热油，先把豆干丁煸炒至黄，盛出，用剩余的油把萝卜干炒出香味后，再把豆干放回锅中。
5. 放入红辣椒、蒜苗及调味料，大火炒匀即可。

四季豆

选购窍门

◎应选择外表新鲜干净、有光泽、呈嫩绿色、肉厚挺实、豆粒呈青白或红棕色、形状完好、无划痕、味道鲜嫩清香的四季豆。

储存之道

◎应放置在干燥、阴凉处储存，也可放入冰箱冷藏。

烹调妙招

◎烹制四季豆前，应先将其放入冷水中浸泡或将其放入沸水中焯一下，再进行后续烹饪，可以避免人体食用后出现不适症状。择菜时，应将豆筋摘除，否则既影响口感又不易消化。

◆**营养价值**：含有丰富的维生素A、胡萝卜素、维生素E，以及钙、磷、钾、镁、铁、硒等矿物质。

◆**食疗功效**：健脾胃、增进食欲、消暑祛湿、清理口腔、安养精神、利水消肿。

芽菜炒四季豆

制作时间 15分钟

材料 四季豆500克，芽菜50克

调料 红尖椒10克，盐、葱、姜、蒜、酱油各5克

做法

1. 四季豆撕去筋，洗净沥干；红尖椒洗净切成段；葱、姜、蒜洗净切碎。
2. 油烧热，入四季豆炸至表皮起皱后盛起。
3. 油烧锅，下红尖椒段、葱末、姜末、蒜末、芽菜爆香。
4. 再下入四季豆一起煸炒，最后调入酱油、盐炒匀即可。

干煸四季豆

制作时间 20分钟

材料 四季豆500克，葱花、姜末、蒜末各适量

调料 老抽8克，干辣椒碎、花椒各10克，盐3克

做法

1. 四季豆择净，放入油锅中炸熟备用。
2. 锅上火，油烧热，放入姜末、蒜末、干辣椒、花椒炒香。
3. 放入四季豆，调入老抽、盐，炒匀撒上葱花即可。

黄豆芽

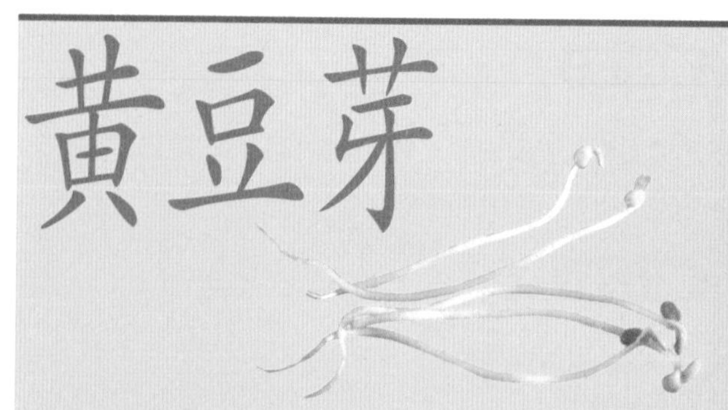

◆**营养价值**：含有大量的胡萝卜素、B族维生素，以及极为丰富的钾、锌、磷、镁、硒等矿物质元素，可谓营养丰富。

◆**食疗功效**：利尿解毒、补气养血、明目、乌发、防止牙龈出血、防止心血管硬化、防止动脉硬化、降低胆固醇、淡化雀斑、促进青少年生长发育、健脑益智、抗疲劳、抗癌、预防癫痫病。

选购窍门

◎应选择顶芽大、须根长、色泽鲜艳、芽身挺直饱满、无烂根、无化学气味的黄豆芽。

储存之道

◎不能隔夜，即买即吃。

烹调妙招

◎烹制黄豆芽时，可加入一点醋，以防止营养物质流失。

胡萝卜炒豆芽

制作时间 17分钟

材料 胡萝卜100克，豆芽100克

调料 盐3克，鸡精2克，醋、香油各适量

做法

1. 胡萝卜去皮洗净，切丝。
2. 豆芽洗净备用。
3. 锅置火上，倒入适量油烧热，放入胡萝卜、豆芽炒至八成熟。
4. 加盐、鸡精、醋、香油炒匀，起锅装盘即可。

木瓜炒银芽

制作时间 20分钟

材料 木瓜250克，豆芽200克

调料 盐3克，香油10克，味精5克

做法

1. 将木瓜去皮，掏净籽，洗净，切成小长条备用。
2. 豆芽洗净，掐去头尾备用。
3. 炒锅内放底油烧热，加入木瓜和豆芽，并放入盐和味精，一起翻炒。
4. 熟后淋上香油，即可装盘。

第4部分

香浓肉菜小炒

畜肉和禽肉是人们食用得最多的肉类，提供畜肉的家畜主要是猪、牛、羊等。肉类营养丰富，味道鲜美，吃肉使人更能耐饥，还可以帮助身体变得更为强壮。肉类怎么炒才好吃？不同肉类的烹调方法有何不同？下面我们将为大家介绍多款家常菜的做法，让大家烹饪出好吃的炒肉菜肴。

猪肉

选购窍门

◎应选择呈淡红色、有光泽、有弹性、肉质较软的猪肉。

储存之道

◎应放入冰箱冷藏并尽快食用。

烹调妙招

◎切猪肉时要斜着切，可使猪肉不易破碎，吃起来不会塞牙。用凉水短时间浸泡猪肉，可避免营养物质的流失；也可用淘米水清洗猪肉，可轻易去除附着其上的污物。切肥猪肉时，先将肥肉蘸一下凉水，再一边切一边将凉水洒在肉上，既省力又不会使肥肉滑动，还可避免肉粘板。

◆**营养价值**：含有丰富的蛋白质、脂肪、碳水化合物、尼克酸、钙、铁、磷、钾、硒等营养元素。

◆**食疗功效**：滋阴润燥、补虚养血、滋养脏腑、健身长寿、降低胆固醇。

关东小炒

制作时间 23分钟

材料 猪肉、洋葱、豆皮、芹菜、花生、酥条各适量

调料 盐3克，干红辣椒15克，酱油、醋各适量

做法

1. 猪肉、洋葱洗净，切片。
2. 豆皮洗净，切条，打成结。
3. 芹菜、干红辣椒洗净，切段。
4. 烧热油，入干红辣椒、花生炒香，放入猪肉略炒。
5. 再入洋葱、豆皮、芹菜，加调味料调味，待熟，入酥条略炒，装盘即可。

仔姜炒肉丝

制作时间 20分钟

材料 猪肉150克，仔姜、红椒、青椒、葱白各适量

调料 盐5克，料酒6克，醋5克，味精3克

做法

1. 猪肉、仔姜、青椒、红椒、葱白均洗净切丝。
2. 猪肉略用料酒、盐腌片刻。
3. 油烧到八成热，下姜丝煸香，倒入肉丝、辣椒丝、葱丝一起煸炒。
4. 放少许味精、盐，起锅时滴点醋即可。

香辣肉丝

制作时间 18分钟

材料 猪肉300克，香菜200克，青、红椒各20克

调料 干辣椒15克，盐3克，料酒、生抽各适量

做法 ①猪肉洗净，切丝，用料酒、生抽腌渍入味；香菜洗净，切段；青、红椒洗净，切条；干辣椒洗净。②锅倒油烧热，倒入肉丝滑炒至肉变白，加入干辣椒、青红椒条大火翻炒3分钟后，加入香菜段翻炒1分钟。加入盐调味，出锅即可。

肉丝炒干蕨菜

制作时间 20分钟

材料 猪瘦肉200克，干蕨菜200克

调料 盐5克，香油10克，葱段、姜片、蒜片各5克

做法 ①将干蕨菜泡发洗净切成段，焯水备用。②瘦肉切成丝，汆油备用。③锅上火，油烧热，放入葱段、姜片、蒜片炒香，放入蕨菜、肉丝，调入盐、香油，炒匀入味即可。

酸白菜炒肉丝

制作时间 18分钟

材料 里脊肉100克，粉丝30克，蛋清 适量，酸白菜半棵，辣椒1个

调料 盐5克，香油5克，淀粉少许，高汤100克，葱15克

做法 ①里脊肉、酸白菜、辣椒均洗净切丝；葱洗净切段；粉丝浸冷水泡软。②肉丝加蛋清和淀粉拌匀，锅中放入油烧至七成热，放入肉丝滑油至变色，立即捞起，锅中再注油烧热，放入葱段爆香，加入酸白菜丝、盐和高汤拌炒均匀。③再放入肉丝、辣椒丝、粉丝拌炒至汤汁略收，淋入香油即可出锅。

腌白菜炒猪肉

制作时间 20分钟

材料 白菜300克，猪肉、姜、红辣椒各适量

调料 盐、淀粉、白糖、胡椒、酒、酱油各适量

做法 ①将白菜的茎与叶分开洗净，用盐腌渍；猪肉、姜洗净切细丝；红辣椒洗净切末。②将猪肉加入酒和酱油腌渍入味，再撒上淀粉拌匀；锅中油烧热，爆香红辣椒、姜丝。③转用中火加入肉丝同炒，待肉变色，添加白菜一起拌炒，最后加入调料味即可。

韭黄肉丝

制作时间 20分钟

材料 猪肉200克，韭黄100克，红椒适量

调料 盐、生抽、酱油、水淀粉、香油各适量

做法

1. 猪肉洗净，切丝，加盐、酱油、水淀粉腌渍上浆；韭黄洗净，切段；红椒洗净对切。
2. 油锅烧热，入肉丝滑熟，盛出。再热油锅，入红椒炒香，下韭黄略炒，放入肉丝，调入盐、生抽炒匀，淋入香油即可。

榨菜肉丝

制作时间 18分钟

材料 榨菜100克，猪肉300克

调料 盐3克，酱油10克，红辣椒、蒜苗各5克

做法

1. 猪肉洗净，切成丝；红辣椒洗净，切成丝；蒜苗洗净，切段。
2. 炒锅置于火上，注油烧热，放入肉丝爆炒，再加入榨菜丝、蒜苗段炒熟。
3. 最后加盐、酱油、红辣椒调味，装盘即可。

台湾小炒

制作时间 23分钟

材料 猪肉、香干各150克，芹菜、黄瓜各适量

调料 盐3克，鸡精2克，红椒、酱油各适量

做法

1. 猪肉洗净切丝；香干、红椒洗净切条；芹菜洗净切段；黄瓜洗净切片。
2. 油烧热，放入猪肉，加入酱油炒至变色，下香干、黄瓜、芹菜和红椒炒至熟。
3. 加入盐和鸡精调味，炒匀装盘即可。

春笋枸杞肉丝

制作时间 17分钟

材料 春笋200克，猪瘦肉150克，枸杞15克

调料 料酒、白糖、酱油、味精、香油、盐各适量

做法

1. 猪肉洗净，切丝；春笋洗净，切丝；枸杞洗净。
2. 锅中油烧热，放入肉丝煸炒片刻，加入笋丝，烹入料酒、白糖、酱油、盐、味精、枸杞翻炒几下，熟后淋入少许香油即可起锅。

剁椒炒肉丝

制作时间 20分钟

材料 猪肉300克

调料 盐3克，鸡精1克，剁椒酱、香菜、生抽各适量

做法

1. 将猪肉洗净，切丝；香菜洗净，切段。
2. 热锅下油，下入猪肉丝翻炒至八成熟，再下入剁椒酱、香菜段同炒至熟，调入盐、鸡精、生抽翻炒均匀即可。

大葱炒肉丝

制作时间 20分钟

材料 猪瘦肉300克，大葱30克

调料 酱油5克，盐6克，味精3克，淀粉适量

做法

1. 猪肉洗净切成丝状，加淀粉、盐腌渍；大葱洗净切成丝。
2. 锅上火，下油烧热，下入肉丝滑至变白，再下入葱丝煸炒，加入酱油、盐、味精炒匀即可。

湘味肉丝

制作时间 23分钟

材料 猪瘦肉400克，葱丝、青椒丝、红椒丝各30克

调料 老抽、料酒、盐、鸡精、红油各适量

做法

1. 将猪瘦肉洗净，切丝，加盐和料酒腌渍。
2. 炒锅注油烧热，下入肉丝滑炒至八成熟，倒入葱丝、青椒丝、红椒丝一起翻炒至熟。
3. 加入盐、鸡精、老抽、红油翻炒至入味，起锅装盘即可。

红椒蒜薹肉丝

制作时间 20分钟

材料 猪肉200克，蒜薹150克，泡椒10克

调料 盐6克，味精2克，姜5克

做法

1. 蒜薹洗净切成段；肉洗净切丝；泡椒洗净；姜洗净切片。
2. 油烧热，下入肉丝、蒜薹炸至干香后。
3. 原锅留油，下入姜片、泡椒段炒出香味，再加入肉丝、蒜薹一起炒匀，调入味即可。

酸豆角炒肉末

制作时间 17分钟

材料 猪瘦肉300克，酸豆角200克

调料 盐3克，醋10克，红辣椒、葱、味精各适量

做法

1. 猪肉洗净，切成肉末；酸豆角洗净，切成丁；红辣椒、葱洗净，切末。
2. 炒锅置于火上，注油烧热，放入肉末翻炒，再加入盐、醋继续拌炒至肉末熟时，放入酸豆角、红辣椒末、葱末翻炒。
3. 再放入味精，起锅装盘即可。

开胃豆角肉末

制作时间 22分钟

材料 猪肉150克，酸豆角140克

调料 盐3克，味精2克，酱油、干红椒粉各适量

做法

1. 猪肉洗净，切末；酸豆角洗净，切小段。
2. 油锅烧热，入肉末、酸豆角同炒，加入干红椒粉稍炒，注入适量清水烧开。
3. 调入盐、酱油拌匀，收干汤汁，加味精调味即可。

酸菜笋炒肉末

制作时间 18分钟

材料 小笋400克，酸菜、肉末、红椒米各适量

调料 味精2克，盐5克，香油2克，葱花10克

做法

1. 酸菜、小笋洗净切碎。
2. 酸菜、小笋焯水后，在锅内炒干水分待用。
3. 锅内放油，下葱花、肉末煸香，下红椒米、酸菜、小笋，调入盐、味精翻炒，淋香油即成。

苦尽甘来

制作时间 45分钟

材料 苦瓜200克，雪菜300克，瘦肉250克

调料 盐、鸡精、味精、淀粉各适量

做法

1. 苦瓜洗净切块；雪菜洗净切碎；瘦肉洗净腌30分钟。
2. 水烧开，放入苦瓜焯烫至熟。
3. 热锅下油，放入雪菜、瘦肉、苦瓜炒匀，调入调味料和淀粉勾芡即可装盘。

雪里蕻肉末

制作时间 23分钟

材料 新鲜雪里蕻150克，猪肉100克

调料 蒜10克，干辣椒5克，盐5克，白糖2克

做法

1. 猪肉洗净剁成末；蒜洗净切末；雪里蕻洗净切细，入加了盐、白糖的沸水里焯熟，晾凉。
2. 油下锅，炒散肉末，加蒜末、干辣椒炒香，再加入雪里蕻略炒。
3. 加盐、白糖调味，起锅装盘即成。

蒜苗肉末

制作时间 15分钟

材料 蒜苗50克，瘦肉150克

调料 盐6克，味精5克，红干椒10克，豆豉6克

做法

1. 瘦肉洗净剁成碎末；蒜苗择洗净，切成小段。
2. 烧锅下油，下入肉末、红干椒爆炒2分钟，再下入蒜苗、豆豉，大火快炒至熟，加入盐、味精调味即可。

红三剁

制作时间 25分钟

材料 西红柿、青椒、猪肉各80克

调料 料酒10克，盐、鸡精各3克，姜粉适量

做法

1. 猪肉洗净，剁碎，加入姜粉拌匀；西红柿洗净，剁碎；青椒洗净，去籽后剁碎。
2. 锅内放油，放入西红柿和青椒，再将肉末平铺在菜上，盖盖待锅边冒出蒸汽后，开盖翻炒片刻，调入调味料，出锅即可。

坛子菜炒肉末

制作时间 20分钟

材料 坛子菜300克，猪肉200克

调料 青、红辣椒各20克，蒜苗、葱白、盐各适量

做法

1. 坛子菜洗净，沥干切碎；猪肉洗净切末；青、红椒洗净切碎；蒜苗、葱白洗净切碎。
2. 烧热油，下蒜苗、葱白炒香，再下入猪肉末炒至变色，加坛子菜炒熟。
3. 加入青辣椒、红辣椒和盐，炒匀入味即可。

肉末炒豆嘴

制作时间 20分钟

材料 猪瘦肉、豆嘴各300克，韭菜200克

调料 辣椒粉15克，生抽、淀粉、料酒、盐各适量

做法

1. 猪瘦肉洗净，剁成末，用生抽、淀粉拌匀；豆嘴洗净；韭菜洗净，切段。
2. 油烧热，入干辣椒炒香，入肉末略炒，再入豆嘴。
3. 烹入料酒炒匀，倒入韭菜段翻炒至熟后。
4. 加入盐、辣椒粉炒至入味，即可起锅。

肉末炒脆笋

制作时间 17分钟

材料 猪瘦肉100克，竹笋300克，红椒20克

调料 老抽10克，鸡精2克，盐3克

做法

1. 猪瘦肉洗净，剁成末；竹笋洗净，切丁；红椒洗净，切丁。
2. 烧热油，放入猪瘦肉末炒熟，装盘待用。
3. 锅烧热油，放入竹笋丁、猪瘦肉末和红椒丁一起翻炒，加盐和老抽调味。
4. 调入鸡精，装盘即可。

圆白菜炒肉末

制作时间 20分钟

材料 圆白菜300克，猪瘦肉150克，红椒、蒜各适量

调料 盐3克，鸡精2克

做法

1. 圆白菜洗净切碎；猪瘦肉洗净，剁成肉末；红椒洗净，切圈；蒜洗净，切段。
2. 油烧热，放入肉末爆炒，装盘待用。
3. 油烧热，放入蒜段和红椒圈炒香，再放入圆白菜爆炒，倒入肉末。
4. 加少许盐一起翻炒均匀。调入鸡精，装盘。

平菇炒肉片

制作时间 3分钟

材料 平菇300克，瘦肉100克，红椒片、青椒片各15克，葱白、蒜末、姜末各少许

调料 盐5克，水淀粉10毫升，味精3克，食粉3克，白糖3克，料酒3毫升，老抽3毫升，蚝油、食用油各适量

食材处理

①将平菇洗净切去根部备用。

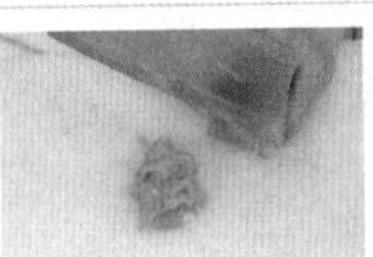

②洗净的瘦肉切成薄片。

③肉片加少许食粉、盐、味精拌匀。

④加水淀粉拌匀，少许食用油，腌渍10分钟。

⑤锅中加清水烧开，加少许食用油，倒入平菇。

⑥煮至断生后捞出。

⑦热锅注油，烧至四成热，倒入肉片。

⑧滑油至变色捞出备用。

制作指导 平菇不可炒制太久，否则炒出的大量水分会影响成品的外观和口感。

制作步骤

①锅底留油，倒入姜末、蒜末、葱白、青椒、红椒爆香。

②倒入平菇、肉片。

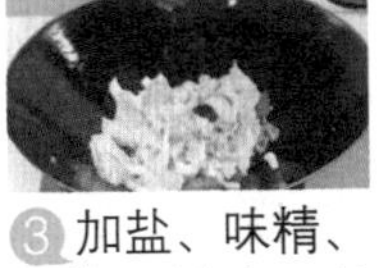

③加盐、味精、白糖、蚝油、老抽、料酒炒约1分钟。

④加入水淀粉勾芡。

⑤翻炒均匀。

⑥盛出装盘即可。

黄花菜炒瘦肉

制作时间 17分钟

材料 黄花菜300克，瘦肉200克

调料 盐5克，味精3克，料酒5克，淀粉5克

做法

1. 黄花菜洗净；瘦肉洗净切成丝，用淀粉腌渍片刻。
2. 锅中加水烧开，下入黄花菜焯烫后捞出。
3. 热油，下入肉丝、黄花菜炒至水分快干，加调味料，淀粉勾芡即可。

西红柿肉片

制作时间 18分钟

材料 猪瘦肉300克，豌豆、冬笋、西红柿各适量

调料 盐6克，味精3克，淀粉10克

做法

1. 冬笋、西红柿洗净切块；豌豆洗净；猪肉洗净切片，加盐、味精、淀粉拌匀。
2. 锅中油烧热，下肉片滑散后捞出。
3. 锅内留油，下入西红柿、冬笋、豌豆炒匀，加盐调味，待沸后勾芡即成。

土豆小炒肉

制作时间 17分钟

材料 土豆250克，猪肉100克

调料 辣椒、盐、味精、水淀粉、酱油各适量

做法

1. 土豆洗净去皮，切块；辣椒洗净，切片。
2. 猪肉洗净，切片，加盐、水淀粉、酱油拌匀备用。
3. 油烧热，入辣椒炒香，放肉片煸炒至变色，放土豆炒熟，入酱油、盐、味精调味。

黑木耳炒肉

制作时间 20分钟

材料 水发木耳150克，红、青椒各50克，猪肉250克

调料 盐3克，酱油适量

做法

1. 将水发木耳洗净，撕小朵；红椒、青椒洗净，切块；猪肉洗净，切片。
2. 锅倒油烧热，放入红椒、青椒爆香，再下入木耳、猪肉。调入盐、酱油，炒匀即可。

雪菜豆芽炒肉

制作时间 15分钟

材料 雪菜、黄豆芽、肉松、青红椒粒各适量

调料 水淀粉、鸡精、糖、蚝油、生抽各适量

做法

1. 雪菜择洗净切粒；黄豆芽择洗净切段。
2. 肉松略炒，雪菜过沸水后捞出，豆芽炒至七成熟待用。
3. 油烧热，爆香辣椒粒和雪菜，放入肉松、豆芽，调入调味料，用湿淀粉勾芡即可。

洋葱炒肉

制作时间 17分钟

材料 洋葱1个，瘦肉200克

调料 生姜适量，盐6克，味精2克，淀粉适量

做法

1. 洋葱洗净切成角状；生姜去皮切成片。
2. 瘦肉洗净切成片，用淀粉、盐、味精腌渍入味。
3. 锅中加油烧热，下入姜片、肉片炒至变色后，再下入洋葱片炒熟，调入味即可。

家常小炒肉

制作时间 20分钟

材料 猪肉400克

调料 盐、酱油、蒜片、干辣椒、姜片各适量

做法

1. 猪肉洗净，切成小片，用温水汆过后备用；干辣椒洗净，切段。
2. 炒锅内注油，用旺火烧热后，加入干辣椒、姜爆炒，放入肉片拌炒至肉片表面呈金黄色时，再放入蒜片稍微翻炒，出锅时加盐、酱油调味即可。

茭白肉片

制作时间 22分钟

材料 茭白300克，瘦肉150克，红辣椒1个

调料 盐5克，淀粉5克，生抽6克，生姜1小块

做法

1. 茭白洗净，切成薄片；瘦肉洗净切片；红辣椒、生姜均洗净切片。
2. 肉片用淀粉、生抽腌渍。锅中油烧热，将肉片炒至变色后加入茭白、红辣椒片、姜片炒5分钟，调入盐、生抽即可。

湘西小炒肉

制作时间 15分钟

材料 猪肉200克，辣椒、豆瓣酱、姜、蒜各适量

调料 味精、糖、生抽、淀粉、蚝油各10克

做法

1. 猪肉洗净切片，放入调味料腌渍好；辣椒洗净切圈；姜洗净切丝；蒜去皮剁蓉。
2. 油烧热，爆香姜、蒜、辣椒，再入豆瓣酱炒香。
3. 再放入猪肉炒至熟，入调味料，用淀粉勾芡即可。

眉州辣子

制作时间 17分钟

材料 猪肉350克，干红辣椒50克

调料 盐3克，白芝麻10克，鸡精、酱油、醋各适量

做法

1. 猪肉洗净，切块；干红辣椒洗净，切段。
2. 起油锅，入干红辣椒、白芝麻炒香，再放入猪肉一起煸炒，加盐、鸡精、酱油、醋调味，炒熟装盘即可。

尖椒炒削骨肉

制作时间 17分钟

材料 猪头1个，青、红椒各20克

调料 盐4克，鸡精2克，酱油5克，葱10克

做法

1. 猪头煮熟烂，剔骨取肉，入油锅里滑散。
2. 青、红椒洗净去蒂去籽切碎；葱择洗净切段，备用。
3. 烧热油，放入青、红椒碎炒香，加入削骨肉，调入调味料，放入葱段炒匀即成。

芥蓝木耳炒肉

制作时间 20分钟

材料 猪肉250克，芥蓝、木耳各150克

调料 盐4克，味精2克

做法

1. 猪肉洗净，切片；芥蓝洗净，去皮，切片；木耳用水泡发备用。
2. 油锅烧热，放入肉片，加盐翻炒，加入木耳炒匀。
3. 炒至八成熟时，放入芥蓝片炒匀，出锅前加味精炒匀，装盘即可。

蒜苗小炒肉

制作时间 22分钟

材料 五花肉500克，蒜苗200克

调料 盐3克，酱油、料酒各10克，青、红椒各100克

做法

1. 五花肉洗净，切片；蒜苗洗净，切成丁；青、红椒洗净，切片。
2. 烧热油，放入肉片拌炒至肉片呈黄色，加入调味料、蒜苗、青辣椒、红辣椒翻炒。
3. 至汤汁快干时，装盘即可。

爆炒五花肉

制作时间 23分钟

材料 五花肉250克，菜心80克

调料 盐、料酒、酱油、干红椒、香菜、葱各适量

做法

1. 菜心洗净焯水；五花肉洗净汆水，切片；干红椒洗净切段；香菜、葱洗净切花。
2. 油烧热，入干红椒炒香，放入五花肉同炒片刻，再入香菜、葱花。调入盐、料酒、酱油炒匀即可。

蒜苗回锅肉

制作时间 22分钟

材料 带皮五花肉400克，蒜苗100克

调料 酱油、盐、白糖、料酒各7克，郫县豆瓣25克

做法

1. 蒜苗洗净，切段；郫县豆瓣剁细；带皮五花肉治净切片备用。
2. 烧热油下肉片炒至断生，加入料酒、郫县豆瓣炒到变成红色，再下入其他调味料和蒜苗，翻炒至熟，起锅装盘。

干盐菜回锅肉

制作时间 25分钟

材料 五花肉500克，蒜苗30克，干盐菜100克

调料 豆豉20克，盐4克，酱油15克，红椒少许

做法

1. 五花肉洗净，煮熟，切片；蒜苗洗净，切段；盐菜泡发，洗净；红椒洗净，切片。
2. 油烧热，下豆豉炒香，入肉片翻炒，加盐菜、蒜苗、红椒一起炒匀，加少许水焖至汤汁收干。再倒入酱油，加盐调味，装盘。

回锅肉

制作时间 17分钟

材料 猪肉250克，蒜苗30克

调料 豆瓣酱10克，料酒、酱油各适量，盐3克

做法

1. 将肉放入锅中煮熟，捞出晾凉后切成大片；蒜苗洗净切段。
2. 锅中油烧热，放入肉片略炒，加盐，炒出油后加豆瓣酱炒香。
3. 加酱油、料酒炒匀，加蒜苗同炒，待香味散出即可。

干豇豆回锅肉

制作时间 17分钟

材料 五花肉400克，干豇豆100克，郫县豆瓣10克

调料 青、红椒丝各20克，白糖、老抽、盐各适量

做法

1. 五花肉煮熟，取出晾凉切成薄片。
2. 干豇豆泡发，洗净切成段，和辣椒丝入油锅炒香备用。
3. 锅上火，油烧热，放入切好的回锅肉炒干，加入豆瓣炒香。
4. 调入盐、白糖、老抽，加入豇豆、椒丝炒匀入味即可。

干笋炒肉

制作时间 23分钟

材料 干笋250克，五花肉100克，香菜1棵

调料 盐3克，酱油10克，香油少许

做法

1. 五花肉洗净切块。
2. 干笋洗净切段。
3. 香菜取叶洗净。
4. 锅放油烧热，放入干笋、五花肉、酱油一起炒香，转入煲内。
5. 调入盐，淋上少许香油煲10分钟，即可食用。

咕噜肉

制作时间 25分钟

材料 五花肉300克

调料 洋葱片、青椒片、红椒片各40克，番茄酱10克

做法

1. 五花肉洗净，切块，腌渍入味。
2. 五花肉抹上淀粉，入油锅炸至金黄，捞起。
3. 再热油锅，放青、红椒和洋葱同炒。
4. 然后倒入番茄酱和水煮至黏稠。
5. 放入肉块翻炒，使肉块裹上酱汁即可。

糖醋咕噜肉

材料 五花肉450克，胡萝卜、去皮菠萝、黄瓜各50克

调料 料酒50克，盐3克，干淀粉25克，番茄酱适量

做法

1. 五花肉、胡萝卜、菠萝、黄瓜均洗净切块。
2. 肉块加料酒、盐拌匀，捞出滚干淀粉，入锅炸透，番茄酱调成汁。
3. 锅内留油，入黄瓜、胡萝卜、菠萝煸炒，倒入汁勾芡。
4. 再入肉团，浇入热油炒匀即成。

鸡腿菇烧肉丸

制作时间 23分钟

材料 肉馅150克，芹菜段、鸡腿菇各50克，鸡蛋1个

调料 盐、酱油、淀粉、姜末、葱末、蒜末各适量

做法

1. 鸡蛋打散，加入淀粉和肉馅拌匀；鸡腿菇洗净对切。
2. 将肉馅和鸡蛋做成肉丸，与鸡腿菇一同入油中稍炸后捞出沥油。
3. 烧热油，入所有材料和调味料炒匀即可。

青椒肉末

制作时间 12分钟

材料 青椒300克，瘦肉末200克

调料 姜、盐各5克，蒜、味精各3克

做法

1. 将青椒洗净切成小块。
2. 姜、蒜洗净均剁成蓉。
3. 锅中加油烧热，下入姜、蒜爆香，再下入肉末炒至变色。
4. 加入青椒继续炒至熟后，调入盐、味精，炒匀即可。

菜心炒肉

制作时间 15分钟

材料 菜心400克，瘦肉150克

调料 盐5克，味精1克，蒜末5克，姜末5克

做法

1. 菜心洗净，切成段。
2. 瘦肉洗净，切成条。
3. 菜心入沸水中汆烫，捞出沥干水分备用。
4. 锅中放入肉、蒜末、姜末、菜心、盐、味精，炒入味即可。

野生竹耳炒肉

制作时间 20分钟

材料 猪肉300克，野生竹耳200克

调料 盐3克，鸡精2克，青红椒丁、葱段各适量

做法

1. 将猪肉洗净，切片。
2. 野生竹耳洗净，切片。
3. 热锅下油，下入猪肉片翻炒至六成熟，再下入野生竹耳、青红椒丁、葱段同炒至熟。
4. 调入盐、鸡精翻炒均匀即可。

◆**营养价值**：含有极为丰富的蛋白质、维生素、磷酸钙、骨胶原、骨黏蛋白、钾、硒、镁等营养物质，可谓“健骨上品”。

◆**食疗功效**：补脾、润肠胃、丰润肌肤、养血健骨、促进儿童骨骼发育、延缓衰老。

选购窍门

◎应选择颜色新鲜红艳、无黑斑、无异味的新鲜猪排。

储存之道

◎应放入冰箱冷藏并尽快食用。

烹调妙招

◎将生姜或胡椒一起与猪排炖食，能够促进消化，避免食用过多引起腹胀或腹泻。

过桥排骨

制作时间 30分钟

材料 排骨350克，鹌鹑蛋200克，包菜100克

调料 盐2克，青、红椒末各20克，酱油、淀粉各10克

做法

1. 鹌鹑蛋煮熟，剥壳。
2. 包菜洗净，切丝。
3. 排骨洗净，放入盐、淀粉腌渍入味。
4. 起锅，倒油烧热，放入排骨，炸熟。
5. 将鹌鹑蛋、包菜、排骨放入盘中，将青椒、红椒、酱油炒热后，淋上即可。

糖醋排骨

制作时间 22分钟

材料 猪排骨300克，鸡蛋1个

调料 镇江醋100克，糖50克，盐、淀粉、老抽各5克

做法

1. 排骨洗净切件。
2. 鸡蛋取蛋清。
3. 将排骨用盐抹匀，以蛋清上浆后裹上淀粉，下油锅炸10分钟。
4. 将镇江醋、糖、老抽加少量水入锅中煮热。
5. 再放排骨进去，勾芡即可。

蛋炒排骨

制作时间 22分钟

材料 排骨600克，鸡蛋2个，面粉50克，青椒1个，洋葱半个

调料 番茄汁、白醋、糖各20克，盐、淀粉各5克

做法

1. 排骨洗净，斩块，加蛋液、面粉拌匀；青椒、洋葱洗净切块。油烧热，入排骨炸至金黄色，捞起；青椒块焯水，捞起。
2. 锅中注水，加入调味料煮开，用淀粉勾芡，最后加入青椒、洋葱和炸好的排骨，稍加翻炒即可。

水蜜桃排骨

制作时间 32分钟

材料 水蜜桃2个，排骨250克

调料 生抽、蚝油、料酒、淀粉、香油、糖、盐各适量

做法

1. 水蜜桃一个切片，一个捣烂成汁。排骨洗净，沥干水分后用生抽、料酒、盐腌半小时。
2. 排骨裹上淀粉，烧热油；将排骨炸至金黄色。另锅将蜜桃汁、其他调味料煮沸，加入排骨和蜜桃片，拌匀即成。

阿香婆炒排骨

制作时间 25分钟

材料 排骨300克，洋葱、青椒各30克

调料 五香粉、糖各2克，酱油5克，胡椒粉、盐各3克

做法

1. 洋葱、青椒洗净切片；排骨洗净剁成块，入沸水稍氽。
2. 五香粉、酱油、糖混合拌成汁，腌渍排骨。
3. 油锅烧热，下入洋葱和青椒爆香，倒入排骨翻炒至熟透再加盐和胡椒粉调味即可。

京味排骨

制作时间 28分钟

材料 排骨250克，芹菜、白萝卜各100克

调料 盐、白糖各5克，淀粉、料酒、辣酱各适量

做法

1. 排骨洗净，剁成小块，放入料酒、盐、白糖、淀粉腌渍；芹菜、白萝卜洗净，切段。
2. 油烧热，将排骨裹上淀粉后，炸熟。
3. 锅中留少量油，放入芹菜、白萝卜稍炒，再放入排骨，调入盐、辣酱，炒熟即可。

猪肝

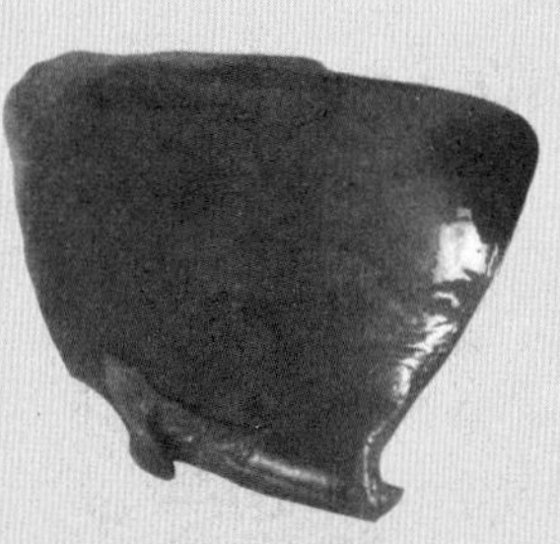

◆**营养价值**：含有极为丰富的蛋白质、胆固醇、维生素A，以及钙、铁、钾、磷、锌、硒等矿物元素。

◆**食疗功效**：补肝养血、明目、解毒、抗癌。

选购窍门

◎应选择表面光洁润滑、颜色紫红均匀、结实有弹性、无黏液、无硬块、无水肿、无脓肿、无异味的猪肝。

储存之道

◎生猪肝可用保鲜膜包好，放入冰箱冷藏；熟猪肝易变色、变干，可在表面涂一层油，再放入冰箱中冷藏。猪肝不宜久放，应尽快食用。

烹调妙招

◎先将猪肝冲洗10分钟，再用清水浸泡30分钟，以去除杂质和异味，再进行烹制。

洋葱炒猪肝

制作时间 16分钟

材料 猪肝150克，洋葱100克，辣椒各50克

调料 盐3克，酱油、香油、葱各10克，姜50克

做法

1. 猪肝治净，切小块，加盐、酱油腌15分钟；葱洗净，切段。
2. 姜、辣椒、洋葱洗净，切片。
3. 油烧热，入辣椒、姜片、洋葱炒香，放入猪肝炒熟。
4. 下盐、酱油、香油、葱段调味，翻炒均匀，出锅盛盘即可。

青椒炒猪肝

制作时间 15分钟

材料 胡萝卜100克，猪肝150克，青椒20克

调料 姜末5克，盐3克，味精2克

做法

1. 猪肝洗净切片；胡萝卜洗净切成菱形片；青椒洗净切片。
2. 再将猪肝片、胡萝卜片、青椒片一起下入沸水中，稍焯后捞出。
3. 锅中加油烧热，下入猪肝和备好的材料一起炒匀。
4. 加入调味料炒至入味即可。

胡萝卜炒猪肝

制作时间 3分钟

材料 胡萝卜150克，猪肝200克，青椒片、红椒片各15克，蒜末、葱白、姜末各少许

调料 盐5克，味精4克，水淀粉10毫升，生粉3克，鸡粉3克，料酒3毫升，蚝油、食用油适量

食材处理

①把去皮洗净的胡萝卜切成片。

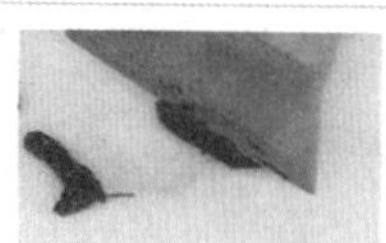

②洗净的猪肝切片。

③猪肝加少许盐、味精、料酒、生粉拌匀。

④加少许食用油，腌渍10分钟。

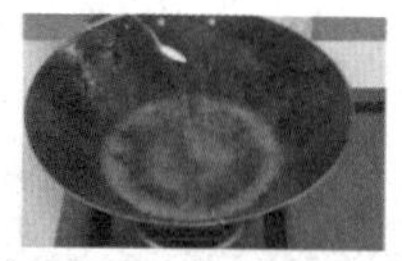

⑤锅中加清水烧开，加适量盐。

⑥倒入胡萝卜，加食用油。

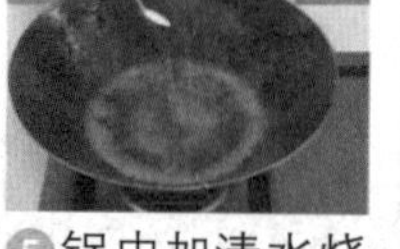

⑦煮沸后捞出。

⑧倒入猪肝。

⑨汆片刻捞出。

制作指导 烹制猪肝前，先冲洗干净再剥去薄皮，然后放入盘中，加适量牛乳浸泡几分钟，可去除异味。

制作步骤

①用油起锅，入姜末、蒜末、青椒、红椒、葱白爆香。

②放入猪肝、料酒，炒匀。

③倒入胡萝卜。

④加盐、味精、鸡粉、蚝油炒匀。

⑤加水淀粉勾芡，加少许熟油炒匀。

⑥盛入盘中即可。

白菜炒猪肝

制作时间 16分钟

材料 大白菜600克，熟猪肝200克，红椒1个

调料 盐、料酒、白糖各适量，葱15克，姜10克

做法

1. 白菜洗净切片；猪肝切片；葱择洗净切花；姜去皮切丝；红椒洗净切片。
2. 锅中注油烧热，放入葱花、姜丝、红椒爆香，放入猪肝，再加入料酒、盐、白糖炒至猪肝入味，再入大白菜炒至入味即可。

瓦片猪肝

制作时间 20分钟

材料 猪肝300克，蒜薹50克，红椒1个

调料 孜然10克，盐4克，蒜籽3粒，姜5克

做法

1. 将蒜薹择洗净切粒；红椒去蒂去籽切碎；蒜去皮切粒；姜去皮切末，均备用。
2. 猪肝洗净切片后，放入油锅中滑散备用。
3. 锅上火，注入适量油烧热，放入蒜薹、红椒、蒜粒、姜末炒香，加入猪肝，调入孜然、盐炒匀入味即可。

面皮炒猪肝

制作时间 14分钟

材料 猪肝250克，面粉、鸡蛋、青、红椒各适量

调料 葱、姜片各5克，干辣椒8克，盐、糖各3克

做法

1. 猪肝洗净切片；取盆放面粉加鸡蛋和好，压成面皮，再改成菱形片。
2. 烧热油，面皮稍炸捞起，再放猪肝滑熟。
3. 原锅下姜、葱、干辣椒煸一下，放面皮、猪肝、青红椒片、盐、糖翻炒，勾芡即成。

韭菜洋葱猪肝

制作时间 14分钟

材料 韭菜200克，猪肝300克，洋葱100克

调料 酱油3克，盐2克

做法

1. 韭菜洗净切段；猪肝洗净切片；洋葱洗净切片。
2. 锅中倒油加热，下入洋葱炒香，下猪肝翻炒，再倒入韭菜炒至断生。
3. 炒熟后加盐和酱油，调好味即可出锅。

猪肚

选购窍门

◎应选择有弹性、坚实、黏液较多、外表呈白色略带浅黄色、内部无硬块的猪肚。

储存之道

◎将猪肚用盐腌好，放于冰箱冷藏，并尽快食用。

烹调妙招

◎将猪肚用清水冲洗数遍，确认洗净滑腻污物后再烹饪食用。猪肚烧熟后，将其切成长条或长块，加一些清汤放入蒸锅蒸，猪肚会涨厚一倍，又嫩又好吃；但要注意不能先放盐，否则猪肚就会紧缩，使口感变差。

◆**营养价值**：含有蛋白质、脂肪、碳水化合物、维生素、钙、铁、磷、锌等营养物质。

◆**食疗功效**：补脾益胃、安五脏、强健体魄。

茶树菇炒肚丝

制作时间 23分钟

材料 茶树菇300克，猪肚丝150克，西芹丝、红椒丝各50克

调料 盐2克，蚝油15克，湿淀粉15克，白糖2克

做法

1. 将茶树菇焯水，炸熟，沥干油。
2. 将西芹丝和猪肚丝焯熟。
3. 烧热油，放入茶树菇、猪肚丝、西芹丝，加入调味料炒匀入味。
4. 用湿淀粉勾芡即可。

莴笋烧肚条

制作时间 25分钟

材料 猪肚200克，莴笋150克

调料 盐、料酒、红油、蒜、青椒、红椒各适量

做法

1. 莴笋去皮切条，焯熟。
2. 猪肚治净汆水，切条。
3. 青、红椒洗净切条。
4. 蒜去皮切丁。
5. 油烧热，入青红椒、蒜炒香，放入猪肚炒片刻，注入水烧开。
6. 至肚条熟透，调入盐、料酒、红油，起锅即可。

双笋炒猪肚

制作时间 22分钟

材料 小竹笋、芦笋各150克，猪肚200克

调料 盐3克，味精2克，料酒适量

做法

1. 小竹笋、芦笋分别洗净，切成斜段；猪肚洗净，切成条，再加料酒腌渍去腥。
2. 竹笋、芦笋和猪肚入沸水中稍烫，捞出。
3. 起锅加油烧热，下入猪肚炒，再加入双笋，一起炒至熟透。
4. 加盐、味精调味即可。

荷蹄炒肚片

制作时间 25分钟

材料 马蹄、荷兰豆各100克，猪肚200克

调料 盐3克，红椒20克

做法

1. 将马蹄去皮，洗净，切片；荷兰豆、猪肚、红椒洗净，切块。
2. 锅中水烧热，放入猪肚汆烫片刻，捞起。
3. 另起锅，烧热油，放入马蹄、荷兰豆、猪肚、红椒，翻炒。
4. 调入盐，炒熟即可。

蒜香汁爆爽肚

制作时间 25分钟

材料 猪肚500克，青菜300克，蒜蓉20克

调料 盐4克，味精2克，烧汁50克，淀粉适量

做法

1. 将猪肚治净，用淀粉、盐稍腌后，洗净，切成片状备用。
2. 青菜清洗干净炒熟，置于盘底。
3. 锅上火，油烧热，爆香蒜蓉，倒入烧汁，加入肚片，调入盐、味精，炒至肚片熟。
4. 盛出放于青菜上即成。

滑子菇炒爽肚

制作时间 20分钟

材料 猪肚200克，滑子菇200克

调料 盐、鸡精、生抽、葱段各适量

做法

1. 将猪肚洗净，切片。
2. 滑子菇洗净。
3. 热锅下油，下入猪肚片翻炒至五成熟，再下入滑子菇同炒至熟。
4. 调入盐、鸡精、生抽、葱段翻炒均匀即可。

萝卜干炒肚丝

制作时间 18分钟

材料 萝卜干200克，猪肚200克，熟芝麻少许

调料 盐、醋、料酒、酱油各适量，香菜少许

做法

1. 萝卜干泡发，洗净。
2. 猪肚洗净，切丝。
3. 香菜洗净，切段。
4. 油锅烧热，下猪肚丝翻炒，调入盐、醋、料酒、酱油。
5. 加入萝卜干炒至熟，撒上香菜、熟芝麻即可。

小炒肚片

制作时间 22分钟

材料 猪肚400克，蒜薹50克，红椒20克

调料 盐3克，味精1克，酱油12克，醋少许

做法

1. 猪肚洗净切小片。
2. 蒜薹、红椒洗净切丁。
3. 炒锅注油烧热，放入猪肚片炒至变色，再放入蒜薹丁、红椒丁一起翻炒。
4. 倒入酱油、醋炒至熟后，调入盐、味精拌匀，起锅装盘即可。

猪腰

◆**营养价值**：含有蛋白质、脂肪、碳水化合物、钙、铁、磷、钾、锌等营养物质。

◆**食疗功效**：健肾补腰、和肾理气、通利膀胱。

选购窍门

◎应选择表面有层膜、光润不变色、质脆嫩、色浅、无出血点的猪腰。

储存之道

◎应放入冰箱冷藏并尽快食用。

烹调妙招

◎将猪腰用葱、姜汁泡2小时，换两次清水，泡至猪腰片发白膨胀，即可去除猪腰的臊味。还可先将猪腰洗净，去除外层薄膜及腰油，用刀从中间横切成两个半片，内层朝上放在砧板上，用手拍打四边，使猪腰内层中间的白色部位突起，将其割除。

冬瓜炒腰片

制作时间 16分钟

材料 冬瓜250克，猪腰1个，红辣椒1个，葱1根

调料 酱油5克，胡椒粉1克，盐5克，鸡精3克，姜3克

做法

1. 冬瓜去皮，切片；猪腰治净切片；红椒去籽，切段。
2. 葱洗净切花；姜去皮切片。
3. 将冬瓜片入沸水中氽烫，捞出沥水。
4. 油烧热，爆香姜、葱后，入腰片炒，再入冬瓜片炒至熟，下调味料炒入味即可。

川炝腰片

制作时间 20分钟

材料 猪腰300克，熟花生仁10克，豆苗25克

调料 盐3克，干椒5克

做法

1. 猪腰洗净切片，撒上盐腌渍。
2. 熟花生仁切碎。
3. 干椒洗净切碎。
4. 豆苗摘洗干净。
5. 油烧热，入干辣椒、花生仁炝香，再入猪腰炒至变色。
6. 入豆苗翻炒至熟，加盐调味即可。

泡椒脆腰条

制作时间 16分钟

材料 猪腰450克，土豆150克，水淀粉适量

调料 料酒、胡椒粉、盐、泡椒、泡子姜各适量

做法

1. 土豆削皮洗净切条，煮熟晾凉；猪腰治净切成条，加盐、料酒、水淀粉上浆；泡椒切条；子姜切片。盐、胡椒粉、料酒、水淀粉兑成芡汁待用。
2. 锅开水，猪腰入水滑散，捞出；油烧热，放入子姜和泡椒炒香，放入猪腰和土豆条炒熟，倒入芡汁炒匀。

尖椒炒腰丝

制作时间 15分钟

材料 青尖椒、红尖椒各100克，猪腰200克

调料 盐3克，鸡精2克，生抽适量

做法

1. 将青红尖椒洗净，切段；猪腰洗净，切丝，焯水后捞出。
2. 热锅下油，下入猪腰丝翻炒至八成熟，再下入青红尖椒段同炒至熟，调入盐、鸡精、生抽翻炒均匀即可。

山珍炒腰花

制作时间 18分钟

材料 滑子菇100克，猪腰300克

调料 盐3克，鸡精2克，青椒、红椒各适量

做法

1. 将滑子菇洗净；猪腰洗净，切片打花刀，焯水后捞出沥干；青、红椒洗净，切片。
2. 热锅下油，下入猪腰片翻炒至六成熟，再下入滑子菇、青红椒片同炒至熟，调入盐、鸡精翻炒均匀即可。

虾仁炒猪腰

制作时间 22分钟

材料 虾仁150克，猪腰250克，青椒、红椒各20克

调料 葱段50克，盐3克，鸡精2克

做法

1. 猪腰洗净切片剞花刀；青、红椒洗净切丝。
2. 炒锅注油烧热，放入猪腰片煸炒至熟，捞出沥油；锅底留油，放入虾仁爆炒，再放入葱段、青红椒丝、猪腰片翻炒至熟。
3. 调入盐和鸡精调味，起锅装盘。

猪腰豌豆片

制作时间 15分钟

材料 猪腰100克，豌豆荚50克，木耳、洋葱各10克

调料 蒜头、红辣椒各少许，酱油、醋、料酒各5克

做法

1. 猪腰洗净切片，切花刀，汆水后捞出；洋葱洗净切片；豌豆荚洗净；木耳泡发撕开；蒜头拍碎；红辣椒洗净切段。
2. 蒜头爆香，入红椒段、猪腰片炒熟盛盘。
3. 放入所有原料略炒，入调味料调味即可。

杜仲腰花

制作时间 14分钟

材料 杜仲12克，猪腰250克

调料 料酒、葱、姜、蒜、盐、酱油各适量

做法

1. 将猪腰洗净对剖两半，切成腰花；杜仲洗净切成小片；葱洗净切段。
2. 将猪腰用盐、料酒、酱油腌渍入味。
3. 油烧热，投入腰花、葱、姜、蒜，加入杜仲快速炒散，放入味精翻炒即成。

嫩姜爆腰丝

制作时间 12分钟

材料 猪腰300克，嫩姜60克

调料 香菜段10克，红椒15克，料酒、糖、盐各3克

做法

1. 猪腰治净，切成丝，泡去血水后捞出；红椒去蒂去籽，洗净，切成丝；嫩姜洗净，切丝。
2. 锅倒油烧热，放入姜丝炒出香味后，倒入腰丝爆炒，然后加入料酒略炒后，倒入香菜段、红椒翻炒均匀。待熟后加入糖、盐炒至入味。

炒腰片

制作时间 20分钟

材料 猪腰1副，木耳50克，荷兰豆，胡萝卜各50克

调料 盐4克

做法

1. 猪腰治净，切片。将猪腰汆烫，捞起。
2. 木耳洗净切片；荷兰豆撕边丝洗净；胡萝卜削皮洗净切片。
3. 炒锅加油，下木耳、荷兰豆、胡萝卜片炒匀，将熟前下腰片，加盐调味，拌炒腰片至熟即可。

猪大肠

◆**营养价值**：含有蛋白质、脂肪、尼克酸、维生素、钙、磷、钾、钠以及锌、硒等微量元素。

◆**食疗功效**：解毒、止血、润燥、补虚、润肠、止渴、促进儿童智力发育。

选购窍门

◎应选择不黏手、无异味、散发自然淡香、颜色浅灰白色、肠体略粗的猪大肠。

储存之道

◎猪肠极易滋生细菌，不易保存，所以新鲜的猪肠应在购买后24小时内尽快食用。

烹调妙招

◎将猪大肠放在淡盐醋混合溶液中浸泡片刻，刮去污物，再放进淘米水中浸泡一会儿，然后用清水轻轻搓洗两遍即可清洗干净；如果在淘米水中放几片橘皮，可有助去除异味。还可取一些明矾研成粉末，反复揉擦猪大肠，再用清水洗净，也可去除污垢和异味。将猪大肠烹熟后加胡椒粉可以提升猪大肠的鲜味。

泡椒炒大肠

制作时间 20分钟

材料 大肠300克，黄瓜200克

调料 泡椒20克，辣椒油5克，盐3克

做法

1. 大肠洗净切段，抹上盐腌渍入味。
2. 泡椒洗净切段。
3. 黄瓜洗净，去皮切块。
4. 锅中倒油烧热，下入大肠段、黄瓜块炒熟。
5. 放入泡椒和盐炒匀，淋上辣椒油即可出锅。

香炒大肠

制作时间 22分钟

材料 猪大肠350克，洋葱、香菜、熟白芝麻各20克

调料 红椒20克，蒜片10克，料酒3克，盐3克

做法

1. 猪肠洗净，汆水后捞出，切成段；洋葱、红椒洗净切小块；香菜洗净切段。油锅烧热，下入猪肠段炸至干香后，捞出沥油。
2. 原锅留油，下入蒜片、洋葱、红椒片爆香后，再倒入猪肠、料酒一起翻炒至熟，加盐调味，撒上香菜段及白芝麻即可。

猪皮

◆**营养价值**：含有极为丰富的胶原蛋白，以及脂肪、维生素、铁、钙、钾、锌、硒等营养物质。

◆**食疗功效**：润泽紧致肌肤、延缓衰老、清热利咽、强身健体。

选购窍门

◎应选择皮白有光泽、毛孔细而深、去毛彻底、无皮伤及皮肤病、无皮下组织、去脂干净、成型好的猪皮。

储存之道

◎应放入冰箱冷藏并尽快食用。

烹调妙招

◎可将猪皮加水煮熟，加入调味料调味，待冷却凝固为胶冻状时，即成好吃有嚼劲的猪皮冻。

豆香炒肉皮

制作时间 15分钟

材料 猪肉皮350克，黄豆、青、红椒块各适量

调料 八角5克，盐、生抽各3克，盐4克，香叶6克

做法

1. 黄豆泡发。
2. 猪肉皮洗净，切成小块汆水。
3. 砂锅加水、八角、香叶、黄豆、肉皮，煮熟捞出黄豆、肉皮。
4. 油烧热，下青、红椒炒香，入黄豆、肉皮炒匀；调入生抽、盐，炒匀即可。

香辣猪皮

制作时间 16分钟

材料 猪蹄皮250克

调料 蒜头、葱、红椒、酱油、香油、味精、盐各适量

做法

1. 猪蹄皮治净，汆水；蒜头剥皮，洗净；葱洗净，切段；红椒洗净，切圈。
2. 高压锅中放入适量水和调味料调匀，下猪蹄皮压至熟软，盛出。
3. 油烧热，入红椒、蒜头炒香，入猪蹄皮炒，加盐、味精、酱油、葱段炒匀，盛盘。

猪心

选购窍门

◎应选择皮白有光泽、毛孔细而深、去毛彻底、无皮伤及皮肤病、无皮下组织、去脂干净、成型好的猪皮。

储存之道

◎应放入冰箱冷藏并尽快食用。

烹调妙招

◎为去除猪心的异味，可在买回后立即将其放入少量面粉中翻滚一下，静置一小时，再用清水冲洗干净即可。

◆**营养价值**：含有蛋白质、脂肪、B族维生素、维生素D、烟酸、钙、磷、钾、铁、锌等营养物质。

◆**食疗功效**：滋阴补虚、清热利咽、保健美容、延缓衰老。

银芽炒心丝

制作时间 15分钟

材料 猪心、豆芽各200克

调料 盐3克，鸡精1克，红椒、蒜苗各适量

做法

1. 将猪心洗净，切丝。
2. 豆芽去头尾，洗净。
3. 红椒洗净，切丝。
4. 蒜苗洗净，切段。
5. 热锅下油，下入猪心丝翻炒至八成熟，再下入豆芽、红椒丝、蒜苗段同炒至熟。

调入盐、鸡精翻炒均匀即可。

酱辣椒炒猪杂

制作时间 18分钟

材料 猪心、猪肝各300克

调料 葱10克，红尖椒30克，酱油、料酒各6克

做法

1. 猪心、猪肝洗净，切片，用料酒略腌。
2. 红尖椒、葱洗净切丁。
3. 油锅烧至九成热，倒入猪肝、猪心煸炒。
4. 再放入红尖椒、葱翻炒均匀。
5. 加入酱油炒至入味即可。

猪蹄

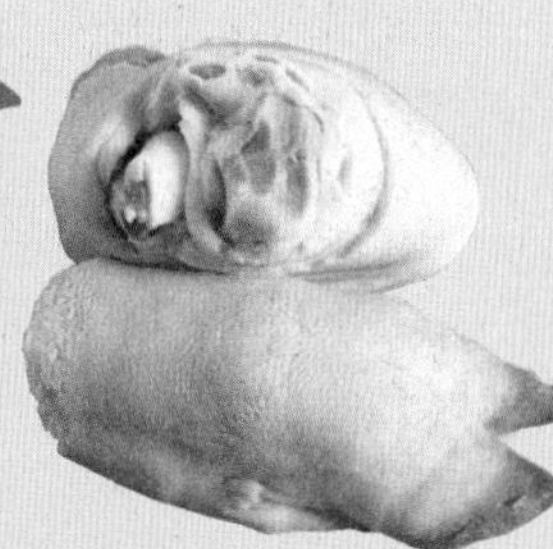

◆**营养价值**：富含胶原蛋白、脂肪、尼克酸、钙、磷、钠、铁、锌、硒等营养物质。

◆**食疗功效**：补虚弱、通乳、补血、美容养颜、延缓衰老、促进儿童生长发育、安神补脑。

选购窍门

◎应选择颜色接近肉色、有正常的猪肉味道、无异味、有筋的猪蹄。

储存之道

◎应放于冰箱冷藏并尽快食用。

烹调妙招

◎给猪蹄去毛的方法：先将松香烧溶，趁热泼于猪毛上，待松香晾凉揭去之，猪毛随着也被脱去；也可洗净猪蹄，用开水煮到皮发胀，取出用指钳将毛拔除，省力省时。

小炒猪蹄

制作时间 30分钟

材料 猪蹄350克，芹菜100克，红椒20克

调料 酱汁、料酒、盐、辣酱、蒜苗各适量

做法

1. 猪蹄治净，切小块。
2. 芹菜、蒜苗洗净切小段。
3. 红椒洗净切小圈。
4. 油烧热，下入猪蹄块煸炒至干，放入蒜苗、芹菜、红椒炒熟。
5. 烹入酱汁、料酒、盐、辣酱炒匀即可。

野山椒脆猪蹄

制作时间 25分钟

材料 猪蹄400克，野山椒30克

调料 青、红椒各10克，盐2克，酱油5克

做法

1. 猪蹄治净，剁成小块，抹上盐腌至入味；野山椒洗净切丁。
2. 青、红椒分别洗净切末。
3. 锅中倒油烧热，下入猪蹄炸熟，捞出沥油。
4. 油加热，下入猪蹄、野山椒、青椒末和红椒末炒熟。
5. 加酱油调好味即可出锅。

猪耳

◆**营养价值**：富含蛋白质、脂肪、碳水化合物、维生素、钙、铁、磷、锌、硒等营养物质。

◆**食疗功效**：健脾胃、补虚损、补血、益气强身。

选购窍门

◎应选择颜色不过分透亮、气味清香、表面不过分光滑、肌理组织清楚的猪耳。

储存之道

◎应放于冰箱冷藏并尽快食用。

烹调妙招

◎吃猪耳时加入葱、姜、蒜、胡椒等调味料，可去除异味，使口感更佳。

野山椒炒脆耳

制作时间 18分钟

材料 芹菜、野山椒各50克，猪耳300克

调料 盐3克，鸡精2克，红椒适量

做法

1. 将芹菜洗净，切段。
2. 猪耳洗净，切丝。
3. 野山椒洗净。
4. 红椒洗净切丝。
5. 热锅下油，爆香红椒丝，下入猪耳丝翻炒至五成熟。
6. 再下入芹菜段、野山椒同炒至熟。
7. 调入盐、鸡精翻炒均匀即可。

小炒顺风耳

制作时间 12分钟

材料 卤熟猪耳300克，韭菜薹200克

调料 红椒20克，料酒、生抽各5克，糖6克

做法

1. 猪耳切成薄片。
2. 韭菜薹洗净，切段。
3. 红椒去蒂，洗净，切斜圈。
4. 油烧热，放入红椒炒香后，放入猪耳翻炒，烹入料酒炒香。
5. 加入韭菜薹炒至断生。
6. 加入生抽、糖翻炒至上色后，装盘即可。

香肠

◆**营养价值**：含有蛋白质、脂肪、B族维生素、维生素E，以及磷、钾、钠、镁、铁、锌、硒等矿物质。因其钠盐含量颇高，故不宜多食。

◆**食疗功效**：开胃、促进消化、强身健体。

选购窍门

◎应选择肠衣薄、干燥不发霉、无黏液，肠衣和肉馅紧密相连，表面紧实有弹性，切面结实，色泽均匀，肥瘦分明，精肉色红，脂肪白色、无灰色斑点，具有芳香味的香肠。

储存之道

◎应放入冰箱冷藏；或用棉签蘸上少许花生油均匀涂于香肠表面，悬挂在10℃以下的阴凉处。

烹调妙招

◎用小火烹制香肠可降低其脂肪含量。

普洱茶香肠

制作时间 20分钟

材料 大肠350克，普洱茶叶15克

调料 盐、酱油各2克

做法

1. 大肠治净，切段。
2. 普洱茶叶浸泡后捞出沥干。
3. 锅中倒油加热，下入大肠炒至变色。
4. 加入盐和酱油炒匀。
5. 下入茶叶，炒出香味后即可出锅。

冬笋片炒香肠

制作时间 18分钟

材料 冬笋、香肠各300克，青椒、红椒各10克

调料 葱段10克，料酒5克，白糖、盐各3克

做法

1. 冬笋洗净，切片，焯烫捞出。
2. 香肠切片。
3. 青椒、红椒洗净，切小块。
4. 锅倒油烧至七成热时，下入香肠煸炒片刻，随即放入冬笋一起煸炒。
5. 加入料酒炒香后，倒入青椒、红椒块、葱段炒至断生。
6. 加入白糖、盐炒至入味，起锅即可。

荷兰豆炒香肠

制作时间 4分钟

材料 荷兰豆200克，香肠100克，姜片、蒜片、红椒片各少许

调料 盐3克，白糖2克，味精2克，料酒3毫升，水淀粉、食用油各适量

食材处理

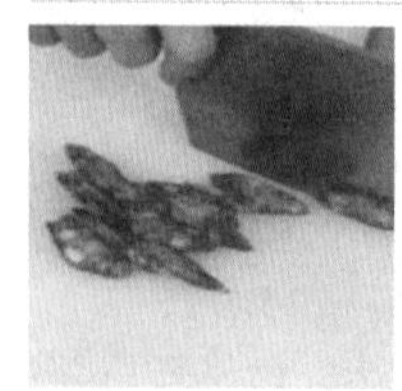

①将香肠切成片。

②清水锅中加少许食用油烧开，倒入荷兰豆拌匀。

③焯煮片刻捞出。

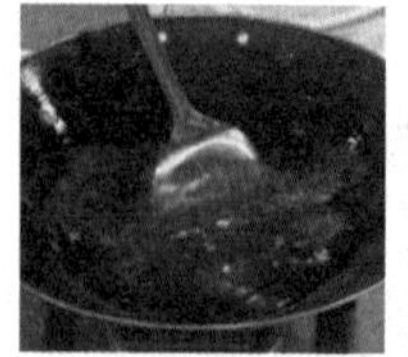

④热油锅中倒入香肠拌匀。

⑤炸至暗红色捞出。

制作指导 制作此菜时，荷兰豆焯煮和炒制时间都不可太长，以免影响其脆嫩的口感。

制作步骤

①锅底留油，倒入姜片、蒜片、红椒片爆香。

②倒入荷兰豆、香肠。

③加盐、味精、白糖、料酒，炒至入味。

④加水淀粉勾芡。

⑤加少许熟油炒匀。

⑥盛入盘中即可。

干辣椒炒香肠

制作时间 19分钟

材料 香肠300克，干辣椒30克，葱白10克

调料 盐、酱油、香油、味精各3克

做法

1. 香肠洗净，切成片。
2. 干辣椒洗净切碎。
3. 葱白洗净切段。
4. 油烧热，入干辣椒、香肠煸炒出香味，倒入葱白炒匀。
5. 加入调味料，装盘淋上香油即可。

葡国肠炒包菜

制作时间 18分钟

材料 葡国烟肉肠150克，包菜、紫包菜各50克

调料 盐5克，糖3克，味精2克，蒜15克，姜10克

做法

1. 包菜、紫包菜洗净切丝。
2. 蒜去皮剁蓉，姜洗净切末。
3. 锅中油烧热，放入蒜蓉、姜末爆香，加入改切成条形的葡国烟肉肠炒香。
4. 再放入包菜丝，调入盐、糖、味精炒匀，即可出锅。

白菜梗炒香肠

制作时间 16分钟

材料 白菜梗300克，香肠200克

调料 红椒20克，葱15克，盐、糖各3克，料酒5克

做法

1. 白菜梗洗净，切段；香肠洗净，切片；红椒去蒂洗净，切圈；葱洗净，切段。
2. 油锅烧热后，放入香肠片爆炒至变色后，烹入料酒，加入红椒、葱炒出香味。
3. 放入白菜梗翻炒。待熟后，加入盐、糖调味，出锅即可。

腊肠

选购窍门

◎应选择颜色黄中泛黑、肉质结实有弹性、按压无凹痕、味道纯正、无异味、无粘液的腊肠。

储存之道

◎应放入冰箱冷藏。

烹调妙招

◎生腊肠在处理时一定要先用热水浸泡，再用温水清洗干净，才能进行烹制。

◆**营养价值**：含有蛋白质、脂肪、B族维生素，以及磷、钾、钠、镁、铁、锌、硒等矿物质。

◆**食疗功效**：开胃、促进消化、强身健体。

彩椒腊肠

制作时间 12分钟

材料 腊肠、彩椒各300克

调料 盐2克，葱20克

做法

1. 将腊肠洗净，切片。
2. 彩椒洗净切片。
3. 葱洗净切段。
4. 腊肠稍烫后捞起，沥干水；油锅烧热，放入腊肠、彩椒稍炸，捞起沥油。
5. 净锅倒油加热，炒匀腊肠、彩椒和盐，撒葱即可。

蒜苗炒腊肠

制作时间 18分钟

材料 蒜苗250克，腊肠200克，红椒100克

调料 盐5克，味精3克，鸡精2克，姜片10克

做法

1. 蒜苗叶洗净，切成马耳形。
2. 腊肠斜切成片。
3. 红椒洗净，去蒂、去籽，切成片。
4. 锅上火，加油烧热后，下入腊肠片炒至吐油。
5. 再加入蒜苗叶、红椒片、姜片，炒至熟透后，加入盐、味精、鸡精即可。

火腿

◆**营养价值**：富含蛋白质、脂肪、B族维生素、磷、钾、钠、镁、锌、硒等营养物质。

◆**食疗功效**：健脾开胃、生津益血、滋肾填精、固骨髓、健足力、加速创口愈合。

选购窍门

◎应选外观呈黄褐色或红棕色、肉感坚实、表面干燥、气味清香、无异味的火腿。

储存之道

◎应放入冰箱冷藏。

烹调妙招

◎火腿在炖之前涂上一些白糖，可较易炖烂，还能使味道更为鲜美。用火腿煮汤时加少量米酒，既让火腿更鲜香，又能降低咸度。将火腿切片时，用横切法可以把纤维切断，并尽量切薄片，这样吃起来肉嫩且不会塞牙。

玉米炒火腿肠

制作时间 15分钟

材料 罐头玉米、火腿肠、胡萝卜各300克

调料 盐3克，香菜15克

做法

1. 火腿肠切丁。
2. 胡萝卜洗净切丁。
3. 香菜洗净切段。
4. 玉米、火腿肠入沸水烫后捞起，沥干水。
5. 油锅加热，放入玉米、火腿肠、胡萝卜，翻炒。
6. 调入盐，炒匀，撒上香菜即可。

蚕豆火腿

制作时间 15分钟

材料 金华火腿200克，鲜蚕豆400克

调料 盐3克，味精1克

做法

1. 金华火腿入锅中煮去部分咸味，捞出切片。
2. 蚕豆去壳，洗净备用。
3. 油锅烧热，放入蚕豆翻炒至熟，加盐、味精调味。
4. 最后下入火腿片，与蚕豆翻炒均匀即可。

腊肉

◆**营养价值**：含有蛋白质、脂肪、B族维生素、磷、钾、钠、镁、锌、硒等营养物质。

◆**食疗功效**：强身健体、补血益血、开胃。

选购窍门

◎应选择颜色黄中泛黑、肉质结实有弹性、按压无凹痕、味道纯正、无异味、无粘液的腊肠。

储存之道

◎应放入冰箱冷藏。

烹调妙招

◎将五花肉切成小块，用盐、花椒、大料、胡椒等多种香辛料以及亚硝酸盐腌制，再经压制、风干、熏烤即可制成腊肉。

山药炒腊肉

制作时间 20分钟

材料 腊肉200克，山药200克

调料 盐、鸡精、青红椒条、野山椒各适量

做法

1. 将腊肉洗净，切片。
2. 山药洗净，切条。
3. 热锅下油，下入腊肉片翻炒至六成熟。
4. 再下入山药条、青椒条、红椒条、野山椒同炒至熟。
5. 调入盐、鸡精翻炒均匀即可。

年糕炒腊肉

制作时间 22分钟

材料 腊肉300克，年糕300克，水淀粉适量

调料 盐3克，酱油8克，醋5克，青、红椒各4克

做法

1. 腊肉洗净，切片，煮软。
2. 年糕、红椒、青椒洗净，切片。
3. 油烧热，放入腊肉片、年糕片、红椒片、青椒片炒至熟。
4. 出锅时加盐、酱油、醋炒匀，以水淀粉勾芡即可。

包菜炒腊肉

制作时间 3分钟

材料 包菜300克，腊肉100克，干辣椒、蒜末、姜片、葱段各少许

调料 盐、味精、白糖、蚝油、水淀粉各适量

食材处理

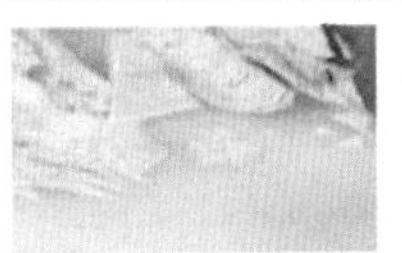

①将洗净的包菜切成块。

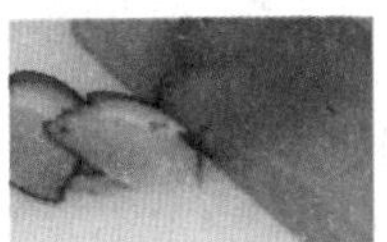

②将洗净的腊肉切成片。

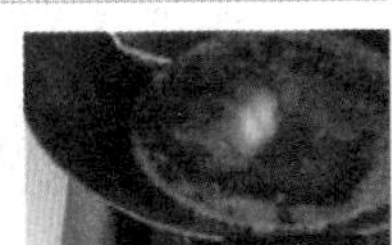

③锅中加清水烧开，加少许食用油和盐。

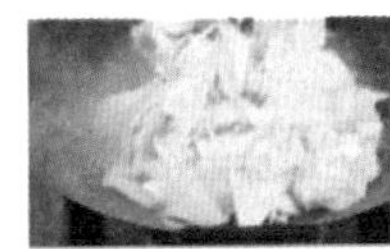

④倒入包菜。

⑤煮片刻后捞出。

制作指导 腊肉本身已有咸味，所以在炒制的过程中可根据个人的口味选择是否再放盐。

制作步骤

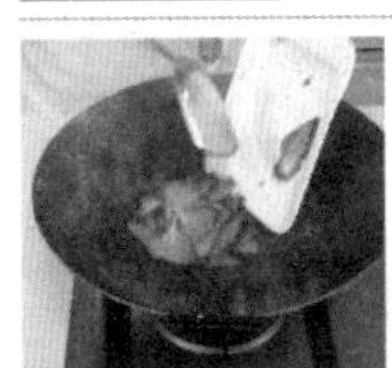

①用油起锅，倒入腊肉爆香。

②加入蒜末、姜片，再放入葱段、干辣椒炒香。

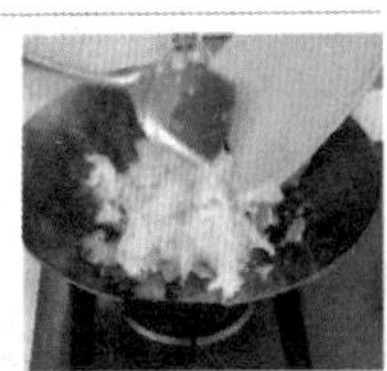

③倒入包菜。

④放盐、味精、白糖和蚝油炒匀。

⑤加水淀粉勾芡，淋入熟油拌匀。

⑥盛入盘中即可。

腊肉炒蒜薹

制作时间 20分钟

材料 腊肉200克，蒜薹150克，干椒10克

调料 盐6克，味精2克，姜5克

做法

1. 蒜薹洗净切成段；腊肉洗净切薄片；干椒洗净剪成段；姜洗净切片。
2. 油烧热，下入腊肉、蒜薹炸至干香后，捞出沥油。
3. 原锅留油，下入姜片、干椒段炒香，入腊肉、蒜薹一起炒匀，调入盐、味精即可。

一品酥腊肉

制作时间 18分钟

材料 腊肉300克，锅巴100克，蒜薹适量

调料 盐、味精、生抽各4克，料酒5克，干红椒适量

做法

1. 腊肉洗净，切片；蒜薹洗净，切段，入沸水中氽烫至断生，捞出沥干。
2. 油烧热，下腊肉，入生抽和料酒翻炒至变色，加干红椒、蒜薹和锅巴炒至熟透。
3. 加盐和味精调味，炒匀即可。

酸豆角炒腊肉

制作时间 22分钟

材料 腊肉、酸豆角各200克

调料 盐、青椒、红椒、生抽、蒜苗、泡椒各适量

做法

1. 将腊肉洗净，切片；酸豆角、蒜苗洗净，切段；青椒、红椒洗净，切片。
2. 热锅下油，下入腊肉片翻炒，再入酸豆角段、青椒片、红椒片、蒜苗段、泡椒同炒至熟，调入盐、生抽翻炒均匀即可。

胡萝卜干腊肉

制作时间 20分钟

材料 胡萝卜200克，腊肉150克，红椒50克

调料 盐2克，鸡精2克，蒜苗10克

做法

1. 将胡萝、腊肉洗净，切片；红椒洗净，切圈；蒜苗洗净，切段。
2. 油烧热，入腊肉片煸炒，备用；锅底留油，加入红椒圈和蒜苗段炒香，倒入胡萝卜片翻炒，再倒入腊肉片一起炒匀。入盐和鸡精，起锅装盘。

窝头炒腊肉

制作时间 18分钟

材料 窝头100克，腊肉200克

调料 盐3克，鸡精、青椒、红椒、蒜苗各适量

做法

1. 将窝头切片；腊肉洗净，切片；青、红椒洗净，切片；蒜苗洗净，切段。
2. 热锅下油，下入腊肉片翻炒至八成熟，再下入窝头片、青椒片、红椒片、蒜苗段同炒至熟，调入盐、鸡精翻炒均匀即可。

藜蒿炒腊肉

制作时间 15分钟

材料 藜蒿250克，腊肉400克，韭菜段、红椒段各适量

调料 姜片、蒜米、干辣椒各10克，盐5克

做法

1. 藜蒿洗净，切段后过水，再在三成油温中过油；腊肉洗净切片后过水，在四成油温中过油，炸1分钟。
2. 锅内放5克油，放入蒜米、姜片，加入干辣椒炒香后，放入藜蒿和红椒段翻炒，再放入盐翻炒；最后加入腊肉、韭菜，出锅盛盘。

莴笋炒腊肉

制作时间 18分钟

材料 莴笋100克，腊肉200克

调料 盐3克，鸡精、红椒、蒜苗、生抽各适量

做法

1. 将莴笋洗净，切片；腊肉洗净，切片，红椒洗净，切圈；蒜苗洗净，切段。
2. 热锅下油，下入腊肉翻炒至八成熟，再下入莴笋、红椒、蒜苗同炒至熟，调入盐、鸡精、生抽翻炒均匀即可。

山野菜炒腊肉

制作时间 18分钟

材料 腊肉250克，山野菜200克

调料 盐、味精、香油、酱油、青红椒各适量

做法

1. 腊肉泡洗，切薄片；山野菜洗净，用水泡软；红椒、青椒均洗净，切片。
2. 油锅烧热，加入腊肉煸炒后盛起。下红辣椒、青椒和山野菜爆炒。
3. 加调味料，放入腊肉炒匀，装盘即可。

蕨菜炒腊肉

制作时间 20分钟

材料 蕨菜200克，腊肉100克，红椒50克

调料 盐3克，鸡精2克

做法

1. 将蕨菜洗净，切段，焯水，沥干待用；腊肉洗净，切薄片；红椒洗净，切长条。
2. 油烧热，入腊肉片煸炒至出油，捞出待用；锅底留油，放入蕨菜段爆炒，加入腊肉片和红椒条一起翻炒，加入调味料即可。

苦瓜炒腊肉

制作时间 22分钟

材料 苦瓜300克，腊肉150克，红椒段10克

调料 姜丝、蒜末、料酒、淀粉各10克，盐适量

做法

1. 苦瓜洗净，切片；腊肉洗净切片。
2. 油烧热，入姜丝、蒜末、红椒段，炒香，再投入腊肉，翻炒一阵，烹入料酒。
3. 再加入苦瓜片、清水、盐，炒至只剩少许汤汁，勾芡即可。

茶树菇炒腊肉

制作时间 25分钟

材料 干茶树菇300克，腊肉500克

调料 红尖椒、蒜苗叶各10克，生抽、料酒各3克

做法

1. 茶树菇泡发洗净，去根；红尖椒切碎；蒜苗叶洗净切段；腊肉洗净，切成薄片。
2. 锅倒油烧热，下入腊肉片爆炒片刻，再倒入茶树菇、红尖椒和蒜叶一起翻炒。
3. 熟后，调入生抽、料酒，炒匀即可。

脆笋炒腊肉

制作时间 23分钟

材料 腊肉300克，干笋200克，青、红椒各10克

调料 盐3克，鸡精1克，料酒5克，葱10克

做法

1. 腊肉洗净切片；干笋泡发，洗净，切碎；青、红椒洗净切块；葱洗净切成段。
2. 锅倒油烧热，下笋片、腊肉煸炒，加入青椒、红椒、葱炒匀。
3. 加入盐、料酒、鸡精入味，炒拌均匀即可。

湘笋炒腊肉

制作时间 25分钟

材料 腊肉400克，竹笋250克，红椒、蒜苗各适量

调料 盐3克，味精1克，姜片15克，红油8克

做法

1. 腊肉洗净切片；竹笋洗净，切段；红椒洗净，切圈；蒜苗洗净，切段备用。
2. 油烧热，加姜片炒香，放入竹笋，加盐、红油翻炒。
3. 放入腊肉、红椒炒匀。
4. 加入味精炒匀，装盘，撒上蒜苗即可。

冬笋腊肉

制作时间 23分钟

材料 冬笋150克，腊肉250克，蒜苗、红椒各50克

调料 盐、味精、香油、水淀粉、红油各适量

做法

1. 冬笋、腊肉、红椒洗净切成片；蒜苗洗净切成段。
2. 腊肉分别汆水。热油，下腊肉，将腊肉煸香，盛出待用。
3. 放油，下冬笋、红椒片翻炒，下腊肉、蒜苗，调入盐、味精，勾少许芡。
4. 淋香油、红油，出锅装盘。

苦笋炒腊肉

制作时间 20分钟

材料 腊肉200克，苦笋100克

调料 盐、味精、料酒、红椒、蒜苗各适量

做法

1. 腊肉洗净，切片；苦笋焯水后洗净，切片；红椒洗净，对切；蒜苗洗净，切段。
2. 油锅烧热，入红椒、蒜苗炒香，再入腊肉煸炒至出油。
3. 加入苦笋同炒片刻。
4. 调入盐、味精、料酒炒匀即可。

熏菌腊肉

制作时间 18分钟

材料 腊肉300克，干笋200克

调料 盐3克，料酒5克，葱、青椒、红椒各10克

做法

1. 腊肉洗净切片。
2. 干笋泡发，洗净，切段。
3. 青、红椒洗净切丝。
4. 葱洗净切成段。
5. 锅倒油烧热，下笋片、腊肉煸炒，加入青椒、红椒、葱炒匀。
6. 加入盐、料酒入味，炒拌均匀即可。

三色腊肉

制作时间 25分钟

材料 腊肉500克，荷兰豆300克，百合、胡萝卜各50克

调料 盐3克，味精2克，香油适量

做法

1. 腊肉洗净，切片；荷兰豆洗净，切段；胡萝卜洗净，切片；百合洗净备用。
2. 油锅烧热，入腊肉翻炒片刻，放入荷兰豆、胡萝卜。
3. 加盐煸炒，加入百合翻炒均匀。
4. 加入盐、味精炒匀，淋上香油即可。

荷兰豆炒腊肉

制作时间 20分钟

材料 荷兰豆250克，腊肉200克

调料 盐5克，味精3克，花雕酒5克，姜5克

做法

1. 荷兰豆择去老筋洗净。
2. 腊肉洗净切片。
3. 姜去皮切片。
4. 锅上火，下入腊肉片炒香。
5. 再加入荷兰豆和所有调味料一起炒匀即可。

叉烧肉

选购窍门

◎应选择质地坚实、无异味、颜色纯正统一的叉烧肉。

储存之道

◎应放入冰箱冷藏。

烹调妙招

◎将五花肉切成条状，并在其上扎上一些小洞，再用叉烧酱、葱、姜、蒜、胡椒粉、生抽、盐、料酒等对其进行腌制，12小时后放入烤箱，烤约15分钟翻面，刷一层腌制料，再烤15分钟，取出刷上蜂蜜，即可制成叉烧肉。

◆**营养价值**：含有蛋白质、脂肪、B族维生素、磷、钾、钠、镁、锌、硒等营养物质。

◆**食疗功效**：强身健体、补血益血、开胃、延缓衰老。

萝卜炒肥叉

制作时间 18分钟

材料 日本萝卜300克，叉烧肉200克，洋葱、彩椒各50克

调料 蒜20克，葱、蚝油各10克，盐4克，味精2克

做法

1. 洋葱洗净切片；彩椒洗净切菱形片；葱白洗净切段；蒜洗净切片；叉烧肉切片备用。
2. 将日本萝卜洗净切成片后，放入沸水中氽熟。
3. 炒锅上火，油烧热，炒香洋葱、蒜片、葱白、彩椒。
4. 放入萝卜片、叉烧肉，调入调味料，炒入味即成。

洋葱叉烧

制作时间 12分钟

材料 洋葱150克，叉烧肉200克

调料 盐6克，味精3克

做法

1. 叉烧肉洗净切成薄片。
2. 洋葱洗净切成丝。
3. 锅中加油烧热，下入叉烧肉片炒至吐油。
4. 然后加入洋葱爆炒至熟。
5. 加入调味料炒匀即可。

牛肉

◆**营养价值**：富含蛋白质、脂肪、B族维生素、肌氨酸、肉毒碱、铁、钾、镁、锌、硒等营养物质。

◆**食疗功效**：补脾胃、益气血、强筋骨、祛风化痰、止渴、消除水肿。

选购窍门

◎应选择颜色浅红均匀、有光泽、脂肪洁白或淡黄、肉皮无红点、手摸微干或微湿润、不粘手、有弹性、味道鲜嫩、无异味的牛肉。

储存之道

◎牛肉受风吹后容易变黑，进而变质，因而要注意保管，应放入冰箱冷藏并尽快食用。

烹调妙招

◎牛肉的纤维组织较粗，结缔组织较多，切时用横切的方法可以将长纤维切断，这样烹饪可以使牛肉更易入味且易烂。煮老牛肉时，可在前一天晚上在牛肉上涂一层芥末，第二天用冷水清洗干净后下锅煮，煮时再放点酒、醋，这样可使肉质鲜嫩，容易煮烂。烹煮牛肉时，放几个山楂、几块橘皮、几片萝卜或一点茶叶可使牛肉更易烂，也可去除其异味。炒牛肉片之前，先用啤酒将面粉调稀，淋在牛肉片上，拌匀后腌30分钟，可增加牛肉的鲜嫩程度。

黄花菜牛肉丝

制作时间 20分钟

材料 鲜黄花菜150克，瘦牛肉200克，姜、葱各适量

调料 干辣椒、盐、酱油、料酒、淀粉、胡椒粉各适量

做法

1. 黄花菜浸泡，捞出；牛肉洗净切丝，加少许盐、料酒、酱油、胡椒粉拌匀；葱、姜洗净切丝。
2. 油烧热，倒入牛肉丝过油，捞出沥油。
3. 炒锅上火，放入葱丝、姜丝、牛肉丝、黄花菜、干辣椒和其他调味料，翻炒，加入淀粉勾芡即可。

莴笋牛肉丝

制作时间 12分钟

材料 莴笋300克，牛肉200克

调料 盐5克，酱油、料酒各适量

做法

1. 将莴笋去皮切成丝；牛肉洗净切成丝，用酱油与料酒浸泡半小时。
2. 油烧热后，放入牛肉丝下锅，用大火快炒约40秒。
3. 再放入莴笋丝炒约2分钟，调入盐即可。

杭椒牛肉丝

制作时间 14分钟

材料 牛肉300克，杭椒100克

调料 盐3克，味精1克，醋8克，酱油15克，香菜少许

做法

1. 牛肉洗净，切丝；杭椒洗净，切圈；香菜洗净，切段。
2. 锅内注油烧热，下牛肉丝滑炒至变色，加入盐、醋、酱油。再放入杭椒、香菜一起翻炒至熟后，加入味精调味即可。

火爆牛肉丝

制作时间 16分钟

材料 牛肉200克，洋葱50克，香菜15克

调料 盐3克，水淀粉、干红椒、生抽各10克

做法

1. 牛肉洗净切丝，用盐、水淀粉腌渍；干红椒洗净切段；香菜洗净；洋葱洗净切丝。
2. 油烧热，入牛肉爆熟，下干红辣炒香，加洋葱、香菜炒熟。
3. 入盐、生抽调味，炒匀即可。

洋葱牛肉丝

制作时间 18分钟

材料 洋葱150克，牛肉150克

调料 生姜3克，料酒8克，味精适量，蒜5克，

做法

1. 牛肉洗净去筋切丝；洋葱、生姜洗净切丝；蒜洗净切片。
2. 将牛肉丝用料酒、盐腌渍。
3. 锅上火，加油烧热，放入牛肉丝快火煸炒，再放入蒜、姜丝；待牛肉炒出香味后加入盐、味精，放入洋葱丝略炒即可。

牛肉苹果丝

制作时间 12分钟

材料 苹果1个，牛肉200克

调料 盐6克，味精3克，淀粉适量

做法

1. 苹果洗净去皮、去核后切成丝。
2. 牛肉洗净切成丝后，用淀粉、盐、味精腌5分钟。
3. 锅加油烧热，下入牛肉丝爆炒，再下苹果丝炒匀，调入盐、味精即可。

芹菜牛肉

制作时间 16分钟

材料 牛肉250克，芹菜150克

调料 豆瓣酱、料酒、白糖、盐、花椒面、姜各适量

做法

1. 牛肉洗净切丝；芹菜洗净去叶切段；姜洗净切丝。
2. 油烧热，下牛肉丝炒散，放入盐、料酒和姜丝，下豆瓣酱炒散，待香味逸出、肉丝酥软时加芹菜、白糖炒熟，撒上花椒面即可。

小炒牛肉

制作时间 20分钟

材料 牛肉300克，香菜20克，红椒15克

调料 盐、味精、酱油、辣椒油、淀粉各适量

做法

1. 牛肉洗净，切丝，用淀粉及盐腌渍入味。
2. 香菜洗净，取梗切段；红椒洗净，切成小圈。
3. 油烧热，下入牛肉滑炒至熟后，加入辣椒圈及香菜梗炒匀，调味后出锅即可。

香茅牛仔粒

制作时间 18分钟

材料 香茅100克，牛仔肉400克，蒜10克，红椒1个

调料 烧汁10克，盐3克，味精2克

做法

1. 香茅取头洗净切段；牛仔肉洗净切粒；红椒洗净切片。
2. 蒜去皮切片后，放入油锅中炸至金黄色，捞出。
3. 油烧热，爆香蒜片、红椒片、香茅，放入牛仔、烧汁、盐、味精一起炒香炒熟即成。

干爆小排骨

制作时间 25分钟

材料 牛排350克，腰果40克，青椒、红椒各适量

调料 盐3克，酱油5克，熟芝麻适量

做法

1. 牛排洗净，斩成小块；青椒、红椒洗净切圈。
2. 油锅烧热，下小排骨炸至变色，再加青椒、红椒、腰果一同翻炒。
3. 放入盐、酱油翻炒至熟时，撒上熟芝麻，起锅装盘即可。

大蒜牛肉粒

制作时间 15分钟

材料 牛肉350克，蒜100克，熟芝麻适量

调料 盐、酱油、料酒、黑胡椒粉、糖各适量

做法

1. 牛肉洗净，切粒，加料酒腌渍片刻；蒜去皮，洗净切块待用。
2. 锅中置油烧热，下牛肉粒，调入酱油、糖和黑胡椒粉翻炒。
3. 下蒜翻炒至熟。
4. 最后加入盐调味，撒上熟芝麻即可。

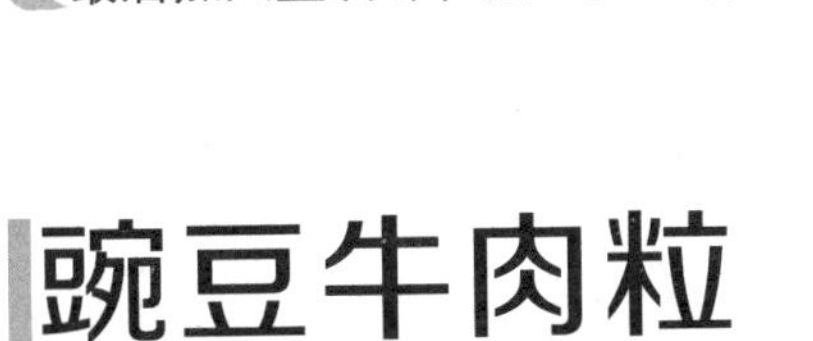

豌豆牛肉粒

制作时间 12分钟

材料 牛肉、青豆各250克，红辣椒10克，淀粉20克

调料 干辣椒粒30克，姜10克，料酒20克，盐5克

做法

1. 牛肉洗净，切丁，加入少许料酒、淀粉上浆。
2. 青豆洗净，入锅中煮熟后，捞出沥水；姜去皮洗净切片。
3. 油烧热，下辣椒粒、姜片爆热，入青豆、牛肉翻炒。
4. 再调入盐，勾芡，装盘即可。

麦香牛肉

制作时间 15分钟

材料 大麦100克，牛肉200克，青椒、红椒各50克

调料 盐3克，鸡精1克

做法

1. 大麦洗净浸泡，煮熟后捞出沥干。
2. 牛肉洗净切碎。
3. 青椒、红椒分别洗净切碎。
4. 锅中倒油加热，下入牛肉炒熟，加大麦和青椒、红椒炒熟。
5. 加入盐和鸡精调好味即可。

蛋黄牛肉菜心

制作时间 12分钟

材料 上海青、菜心各150克，牛肉100克，窝蛋1个，豆粉50克

调料 鲍鱼汁５０克，蚝油10克，盐3克，鸡精1克

做法

1. 上海青、菜心洗净，放入烧热的油锅中，调入盐炒熟，盛入盘中。
2. 牛肉洗净切碎，加入水、豆粉拌匀挂糊上浆。
3. 锅上火，油烧热，倒入牛肉碎，调入蚝油、盐、鸡精，加入鲍鱼汁炒熟，盛出放在菜上，再将窝蛋放在牛肉碎上即成。

小米椒剁牛肉

制作时间 18分钟

材料 牛肉350克，榨菜100克，小米椒50克

调料 盐2克，酱油2克，料酒4克，味精2克

做法

1. 牛肉洗净切丁，用料酒腌渍片刻；榨菜洗净，沥干切丁；小米椒去蒂，洗净切圈。
2. 锅中注油烧热，下牛肉，调入酱油翻炒至断生，加入榨菜和米椒，继续炒至熟透。
3. 调入盐、味精炒匀即可。

西湖鸳鸯牛肉

制作时间 15分钟

材料 牛肉350克，包菜200克，水淀粉适量

调料 盐3克，酱油、料酒各5克，味精1克

做法

1. 牛肉洗净，切薄片；包菜洗净沥干，切小块。
2. 油烧热，下牛肉，调入酱油和料酒翻炒至变色，下包菜同炒。
3. 最后调入盐和味精，用水淀粉勾芡即可。

蜀香小炒牛肉

制作时间 18分钟

材料 黄牛肉400克，腰果仁100克，蒜苗15克

调料 青辣椒、红辣椒各20克，盐、酱油各3克

做法

1. 黄牛肉洗净切片，用酱油抹匀腌渍入味；腰果仁洗净；青辣椒、红辣椒、蒜苗分别洗净切段。
2. 油烧热，入蒜苗、腰果仁、黄牛肉炒熟。
3. 下入青辣椒、红辣椒和盐炒入味即可。

双椒炒牛肉

制作时间 15分钟

材料 牛肉200克，青椒100克，红椒100克

调料 大葱、姜、蒜、盐、生抽、淀粉、料酒各适量

做法

1. 牛肉洗净切片，加入料酒、盐、淀粉腌渍；其他原料洗净切好。油烧热，下牛肉滑炒捞出，原锅烧热，下姜、蒜、青椒、红椒，加盐、牛肉和大葱翻炒。
2. 调入生抽炒匀即可。

辣炒卤牛肉

制作时间 15分钟

材料 卤牛肉350克，青、红椒各50克

调料 盐3克，生抽4克，料酒3克，鸡精2克

做法

1. 卤牛肉切薄片；青、红椒洗净，沥干切丝。
2. 锅中注油烧热，下青、红椒爆香，再入牛肉煸炒，调入生抽和料酒翻炒。
3. 加盐和鸡精炒至入味即可出锅装盘。

泡菜牛肉

制作时间 15分钟

材料 泡菜200克，牛肉300克

调料 干辣椒3克，红椒10克，盐2克，酱油1克

做法

1. 牛肉洗净切片，抹上盐和酱油腌渍入味；泡菜切块；红椒洗净切块；干辣椒洗净切段。
2. 锅中倒油烧热，下入牛肉炒熟，再倒入泡菜炒匀。
3. 下入干辣椒和红椒炒入味，即可出锅。

双菇滑牛肉

制作时间 20分钟

材料 牛肉300克，鸡腿菇、香菇各100克，红椒50克

调料 葱白、淀粉、盐、酱油、鸡精、桂皮各适量

做法

1. 所有材料洗净切好；牛肉片用淀粉、盐、酱油腌渍。
2. 油烧热，下桂皮煸出香味，放入鸡腿菇、香菇、红椒翻炒。
3. 下牛肉滑熟，加调味料调味，捞出桂皮装盘。

哈密瓜炒牛肉

制作时间 16分钟

材料 哈密瓜250克，牛肉300克，荷兰豆200克

调料 红椒20克，料酒、酱油、盐、鸡精各适量

做法

1. 哈密瓜去皮，洗净，切片；牛肉洗净，切片；荷兰豆洗净，斜切片；红椒洗净切片。
2. 油烧热，入荷兰豆煸炒，加入牛肉片，调入料酒、酱油，翻炒出香味。最后倒入哈密瓜、红椒炒匀，加盐、鸡精炒匀即可。

荔枝牛肉

制作时间 15分钟

材料 牛肉200克，荔枝50克，上海青250克

调料 盐、味精各3克，番茄酱8克，水淀粉15克

做法

1. 牛肉洗净，切块，用盐、水淀粉腌渍；荔枝去壳，取肉；上海青洗净，对切，焯水。
2. 油锅烧热，入牛肉滑熟，加荔枝炒一下，放盐、味精、番茄酱炒匀。
3. 将牛肉放入上海青上即可。

酒香牛肉

制作时间 16分钟

材料 啤酒30克，牛肉200克，土豆块150克

调料 红椒、葱、蒜头、芝麻、盐、香油各适量

做法

1. 牛肉洗净，切块，汆水；红椒、葱、蒜头洗净，切碎。
2. 油锅烧热，下牛肉炸至变色，捞出；锅内留油，下土豆炸香。
3. 入牛肉炒匀，下啤酒、红椒、葱、蒜头、芝麻、盐、香油，炒匀即可。

生炒酱牛腩

制作时间 14分钟

材料 酱牛腩400克，荷兰豆100克，红椒10克

调料 盐2克，酱油、蚝油各1克，香菜末3克

做法

1. 酱牛腩切片；荷兰豆择好洗净；红椒洗净切条。
2. 锅中倒油加热，下入荷兰豆和红椒炒熟，加盐炒入味后盛盘。
3. 净锅再倒油加热，下入酱牛腩炒熟，加盐、酱油和蚝油炒熟，出锅放到荷兰豆上，撒上香菜末即可。

丝瓜炒牛肉片

制作时间 18分钟

材料 丝瓜300克，牛肉200克，红椒1个，葱白2棵

调料 盐4克，味精2克，蚝油7克，淀粉15克

做法

1. 丝瓜洗净切条。
2. 牛肉洗净切片。
3. 葱白洗净切段。
4. 红椒洗净切片。
5. 锅上火，油烧热，炒熟丝瓜备用。
6. 油烧热，爆香葱白、椒片，放入牛肉片炒香，加入丝瓜。
7. 调入调味料，用淀粉勾芡即成。

酱炒肥牛

材料 芥蓝150克，肥牛肉300克，彩椒、洋葱各30克

调料 盐4克，味精1克，XO酱30克

做法

1. 彩椒洗净切丝。
2. 洋葱洗净切丝。
3. 芥蓝择洗净切段，过沸水后捞起。
4. 肥牛肉洗净切片后，入油锅中滑散，备用。
5. 油烧热，炒香洋葱、椒丝，加入芥蓝、肥牛肉炒熟，调入盐、味精、XO酱，炒匀入味即成。

铁板牛肉

材料 牛肉500克，红椒20克，姜10克，蒜薹50克

调料 孜然10克，盐4克，鸡精2克，味精2克

做法

1. 红椒洗净切碎。
2. 姜去皮切米。
3. 蒜薹洗净切米。
4. 牛肉洗净切片，放入烧热的油锅中，滑散备用。
5. 锅留底油，放入红椒碎、姜米、蒜薹米炒香，加入牛肉片。
6. 加入调味料，炒入味，盛出放入烧热的铁板里即可。

爆炒牛干巴

制作时间 20分钟

材料 牛腿肉600克，干辣椒节200克，花椒籽20克

调料 味精5克，白糖5克，红油10克，香油3克

做法

1. 牛腿肉腌入大量的盐，腌一星期后风干，即成干巴。将牛干巴过水，下油锅炸出香味。
2. 锅内留油，下干辣椒节、花椒籽煸香，再下牛干巴，调入味精、白糖、红油、香油，快速翻炒几下即可出锅。

香炒腊牛肉

制作时间 20分钟

材料 腊牛肉300克，青、红椒各100克，葱适量

调料 盐3克，味精1克，生抽、料酒各适量

做法

1. 腊牛肉洗净，汆水切片；青、红椒洗净，切菱形块；葱洗净，切段备用。
2. 锅中注油烧热，下腊牛肉，调入生抽和料酒翻炒至断生，下青、红椒和葱段炒至熟。
3. 加盐和味精调味，炒匀即可。

烟笋炒腊牛肉

制作时间 18分钟

材料 腊牛肉300克，烟笋、蒜苗、红椒各适量

调料 盐3克，味精1克，生抽、料酒、蒜各适量

做法

1. 腊牛肉洗净切片；烟笋干发好，切条；蒜苗洗净切段；红椒洗净切圈；蒜洗净切片。
2. 油烧热，下蒜、红椒、蒜苗、烟笋干爆香，入腊牛肉，调入生抽、料酒炒熟，加入盐、味精炒匀即可。

火爆腊牛肉

制作时间 12分钟

材料 腊牛肉250克，蒜薹50克

调料 干红椒25克，盐、味精各3克，生抽10克

做法

1. 腊牛肉洗净，切片；干红椒、蒜薹洗净，切段。
2. 油锅烧热，入干红椒炒香，加腊牛肉，爆至香味浓郁。
3. 入蒜薹炒熟，加盐、味精、生抽调味，盛盘即可。

黑椒牛肉卷

制作时间 22分钟

材料 牛肉350克，西兰花200克，青、红椒各适量

调料 盐、生抽、料酒各5克，红油、黑胡椒粉各适量

做法

1. 牛肉洗净，切片，用生抽、料酒和黑胡椒粉腌渍，卷起，用牙签穿起。
2. 西兰花洗净掰小朵后入沸水中汆烫，捞起。
3. 青、红椒洗净，切粒。
4. 油烧热，下牛肉卷，入西兰花、青椒和红椒翻炒至熟，加入盐、红油炒匀即可。

小炒牛肉丸

制作时间 22分钟

材料 牛肉丸300克，青椒、红椒、洋葱各20克

调料 盐、料酒、淀粉、糖、鸡精各适量

做法

1. 牛肉丸切开打十字花刀，加入盐、料酒、淀粉、油腌渍。
2. 青椒、红椒、洋葱洗净，切块。
3. 油烧热，入牛肉丸炸熟；留油烧热，放入青椒、红椒、洋葱翻炒，再倒入牛肉丸。
4. 待熟后，加盐、糖、鸡精，起锅即可。

山椒爆炒牛柳

制作时间 75分钟

材料 牛柳250克，香菜、野山椒、朝天椒各适量

调料 蚝油、蒜片、姜片各5克，盐2克，淀粉适量

做法

1. 牛柳洗净切丝。
2. 野山椒洗净。
3. 朝天椒洗净切块。
4. 牛柳用淀粉、盐腌渍1小时后过油。
5. 锅留底油，下蒜片、姜片煸香。
6. 下野山椒、朝天椒、牛柳、盐、蚝油炒入味，起锅前放香菜即可。

蒜苗炒腊牛肉

制作时间 20分钟

材料 腊牛肉150克，蒜苗50克

调料 盐、味精各3克，香油10克，干红椒末20克

做法

1. 腊牛肉洗净泡发，切片；蒜苗洗净，切段。
2. 油锅烧热，下干红椒末、蒜苗段煸香，再入腊牛肉片同炒。
3. 调入盐、味精炒匀，淋入香油即可。

茄干炒牛肉

制作时间 30分钟

材料 茄子干200克，牛肉300克，板栗200克

调料 青椒、红椒各20克，盐、酱油、高汤各适量

做法

1. 茄子干泡水洗净；牛肉洗净，剁成块；板栗洗净；青椒、红椒洗净，斜切成块。
2. 油锅烧热，倒入牛肉煸炒后，加入盐、酱油煸炒，加入高汤，炖煮2小时。待熟后放入板栗、茄子干、青椒、红椒块炒至断生，汁浓时即可。

开胃双椒牛腩

制作时间 20分钟

材料 青辣椒、红辣椒各20克，牛腩300克

调料 葱5克，糖3克，盐2克，酱油4克，蚝油3克

做法

1. 牛腩洗净切块；青辣椒、红辣椒洗净切段；葱洗净切碎。
2. 锅中倒油加热，下入牛腩炒熟，加入糖、盐、酱油、蚝油炒匀。
3. 下入青辣椒和红辣椒炒香，出锅撒上葱花即可。

家乡小炒牛肉

制作时间 35分钟

材料 牛肉450克，芹菜120克，辣椒15克

调料 盐、味精各3克，红油、辣椒酱、水淀粉各10克

做法

1. 牛肉洗净，切丝，用盐、味精、水淀粉腌20分钟；芹菜洗净，切段；辣椒洗净切丝。
2. 油锅烧热，下牛肉丝滑熟，捞出；锅内留油，下芹菜段、辣椒丝炒香。
3. 加牛肉丝炒匀，入调味料调味即可。

香辣锅酥牛柳

制作时间 20分钟

材料 牛柳300克，水淀粉、锅巴碎末各适量

调料 盐3克，酱油、料酒各10克，辣椒末20克

做法

1. 牛柳洗净，切片，加盐、酱油、料酒、水淀粉拌匀上浆，再裹上一层锅巴碎末。
2. 油锅烧热，下裹好的牛柳入锅炸熟至酥香。
3. 加入辣椒末稍拌，装盘即可。

杭椒炒牛柳

制作时间 28分钟

材料 牛柳200克，青杭椒、红杭椒各50克

调料 盐3克，味精2克，淀粉5克，酱油3克

做法

1. 牛柳洗净切条，用淀粉、酱油和油拌匀腌渍10分钟；青杭椒、红杭椒洗净。
2. 炒锅倒油烧至三成热，放入牛柳、青红杭椒炒至牛柳变色。
3. 调入盐、味精翻炒入味，略炒即可起锅。

蒜薹炒牛柳丝

制作时间 22分钟

材料 蒜薹400克，牛肉150克，黑椒碎、淀粉各少许

调料 盐、蚝油、糖、蒜片、姜片各适量，葱白15克

做法

1. 蒜薹洗净切成段；牛肉洗净切丝；葱白洗净切段。
2. 锅上火，烧油，将姜片、葱白、蒜片炒香。
3. 加入蒜薹、牛肉炒熟，放入盐、蚝油、糖和黑椒碎炒匀，勾芡即可。

黑椒炒牛柳粒

制作时间 25分钟

材料 牛柳200克，洋葱、红椒、青椒、蘑菇各适量

调料 黑椒碎5克，白兰地10克，盐3克，胡椒粉少许

做法

1. 牛柳、洋葱、红椒、青椒、蘑菇洗净切粒。
2. 牛柳粒放入胡椒粉、盐腌10分钟。
3. 热锅炒香青椒、红椒、蘑菇，倒入牛柳粒和洋葱，用大火炒，加白兰地、黑椒碎和水，大火炒至水干即可。

藕片炒牛肉

制作时间 3分钟

材料 莲藕200克，牛肉150克，青、红椒各15克，蒜末、姜片、葱白各少许

调料 盐3克，味精、鸡粉、食粉、生抽、老抽、料酒、水淀粉各适量

食材处理

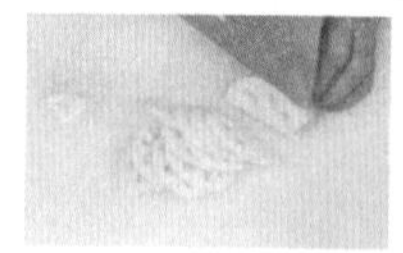

①将洗好的莲藕切片。

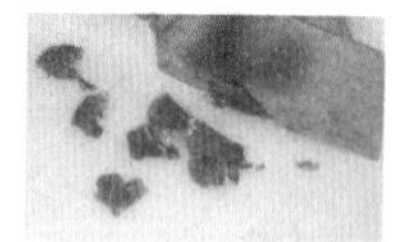

②再把洗净的牛肉切片。

③青椒切片。

④红椒切也成片。

⑤牛肉片加食粉、生抽、盐、味精拌匀，再加水淀粉拌匀，倒入少许食用油腌渍10分钟入味。

⑥锅中注水烧开，加盐、食用油，倒入洗净切好的藕片。

⑦煮沸后将莲藕捞出。

⑧倒入切好的牛肉。

⑨氽至断生后捞出。

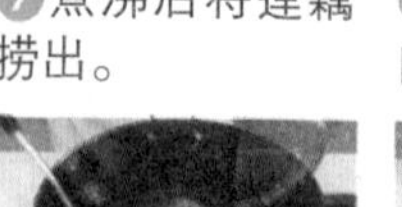

⑩另起锅，注油烧至四成热，倒入牛肉片，滑油片刻至熟。

⑪捞出滑好油的牛肉片。

制作指导 莲藕入锅炒制的时间不能太久，否则莲藕就失去了爽脆的特点。

制作步骤

①锅置旺火，注油烧热。

②入蒜末、姜片、葱白、青椒、红椒爆香。

③倒入藕片翻炒片刻。

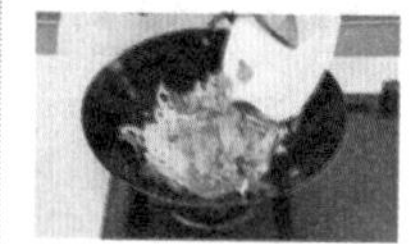

④倒入滑油后的牛肉片。

⑤加盐、味精、鸡粉、老抽和料酒翻炒1分钟至入味。

⑥加入少许水淀粉勾芡。

⑦再淋入熟油翻炒匀。

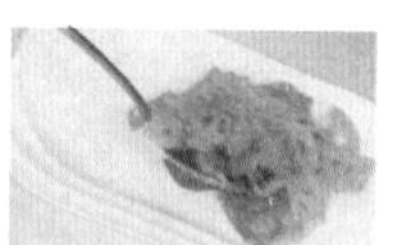

⑧起锅，将炒好的藕片牛肉盛入盘内即成。

辣爆牛柳丝

制作时间 20分钟

材料 牛柳400克，辣椒10克，淀粉20克

调料 盐、蒜、姜、豆瓣酱、糖、生抽、蚝油各适量

做法

1. 牛柳洗净切片，用盐、糖、生抽、蚝油、淀粉腌渍；辣椒、姜洗净切丝；蒜去皮洗净剁蓉。
2. 锅中油烧热，爆香辣椒、姜、蒜，调入豆瓣酱，再放入牛柳一起炒，调入盐、糖、生抽即可。

茶树菇爆牛柳

制作时间 28分钟

材料 牛柳200克，茶树菇200克，土豆150克

调料 青红椒丝、盐、味精、酱油、料酒各适量

做法

1. 牛柳洗净切丝，用酱油和料酒腌渍；茶树菇洗净切段；土豆去皮，洗净切条。
2. 油烧热，下土豆条炸至金黄色，捞出装盘；锅底留油，下牛柳炒至变色，加茶树菇和青、红椒，炒熟。加入盐、味精炒至入味即可装盘。

南瓜牛柳

制作时间 40分钟

材料 南瓜100克，牛柳250克

调料 盐、味精、黑胡椒各3克，料酒、生抽各10克

做法

1. 牛柳洗净，切片，加入盐、味精、料酒、黑胡椒腌渍入味；南瓜去皮洗净，切块。
2. 油锅烧热，下牛柳炒至变色，加入南瓜同炒至熟，加入生抽炒匀即可。

鸡腿菇牛柳

制作时间 25分钟

材料 荷兰豆、牛肉各300克，鸡腿菇200克

调料 盐、蚝油各3克，鸡精1克

做法

1. 荷兰豆择好洗净；鸡腿菇、牛肉洗净切片。
2. 油烧热，下入荷兰豆和鸡腿菇炒熟，加盐、鸡精调味出锅，鸡腿菇倒在盘中央，荷兰豆围在四周。
3. 油加热，下入牛肉、盐和蚝油炒熟，倒在鸡腿菇上即可。

青南瓜炒牛柳

制作时间 18分钟

材料 青南瓜200克，牛柳500克，红辣椒150克

调料 盐40克，鸡精20克，糖20克，淀粉100克

做法

1. 牛柳洗净切条用盐腌渍；红辣椒洗净切条；青南瓜去瓤切条。
2. 油烧热，放入牛柳炸至金黄色，捞出沥油。
3. 锅中留油，炒香红辣椒，入青南瓜、牛柳，调入调味料，用淀粉勾芡即可。

青豆角炒牛柳

制作时间 20分钟

材料 青豆角500克，牛柳200克，红辣椒150克

调料 盐40克，鸡精20克，糖20克，淀粉100克

做法

1. 牛柳洗净切条用盐腌渍；红辣椒洗净切条；青豆角去脊线洗净切条。
2. 油烧热，放入牛柳炸至金黄色，捞出沥油。
3. 锅留油，炒香红辣椒，放入青豆角、牛柳，调入调味料，用淀粉勾芡即可。

山椒爆牛柳

制作时间 30分钟

材料 青瓜200克，野山椒10克，牛柳400克

调料 盐、味精、蚝油、生抽、辣椒、淀粉各适量

做法

1. 牛柳洗净切条状，放入调味料腌渍；青瓜洗净去皮切条；辣椒洗净去蒂籽切片。
2. 锅中油烧热，放入牛肉煎香，盛出，放入野山椒、青瓜炒香。
3. 再倒入牛肉炒匀，调入生抽，用淀粉勾芡即可。

牛柳炒蒜薹

制作时间 18分钟

材料 牛柳250克，蒜薹250克，胡萝卜100克

调料 料酒15克，淀粉20克，酱油20克，盐5克

做法

1. 牛柳肉洗净，切成丝，加入酱油、料酒、淀粉上浆。
2. 蒜薹洗净切段；胡萝卜洗净切丝。
3. 锅烧热入油，然后加入牛柳、蒜薹、胡萝卜丝翻炒至熟，加盐炒匀，出锅即可。

牛杂

选购窍门

◎应选择坚实、有弹性、色泽略带浅黄、黏液较多的牛肚。

储存之道

◎应放入冰箱冷藏并尽快食用。

烹调妙招

◎清洗牛肚的方法：先在牛肚上加盐和醋，用双手反复揉搓，直到黏液凝固脱离，翻面重复上述操作；将牛肚分成小块，投入冷水锅里，边加热边用小刀刮洗，待水烧沸，牛肚变软，取出，用水冲洗干净即可。

◆**营养价值**：含有蛋白质、脂肪、B族维生素、钙、铁、钾、磷、锌等营养物质。

◆**食疗功效**：补益脾胃、开胃消食、补气养血、补虚益精、增强人体免疫力。

蚝油卤蹄筋

制作时间 30分钟

材料 鱼皮、牛蹄筋各300克，上海青200克

调料 姜、葱、蚝油、盐、红椒各适量

做法

1. 鱼皮、牛蹄筋洗净切大块，汆烫后捞起沥干。
2. 葱、姜、上海青、红椒分别洗净切好。
3. 油锅加热，下葱、姜爆香，放入鱼皮、蹄筋炒匀。
4. 加清水和蚝油卤煮至蹄筋入味。
5. 加上海青、红椒，酌情加盐，待上海青煮熟即可起锅。

香辣牛蹄筋

制作时间 25分钟

材料 牛蹄筋300克

调料 盐3克，芹菜、豆瓣酱、红油各10克，卤水适量

做法

1. 牛蹄筋洗净，放入卤水中卤熟，捞出切成块。
2. 芹菜洗净，切丁。
3. 热锅入油，下豆瓣酱炒香，然后倒入切好的蹄筋片、芹菜翻炒。
4. 调入红油和盐，翻炒均匀即可出锅。

小炒金牛筋

制作时间 30分钟

材料 牛筋450克，红辣椒70克，蒜苗50克

调料 盐4克，酱油10克

做法

1. 将牛筋洗净切段，下入沸水煮软，捞出；红辣椒洗净切圈；蒜苗洗净切片。
2. 油烧热，下红辣椒、蒜苗煸炒，加入盐调味。下牛筋、酱油翻炒，加少许水，焖干装盘。

泡椒蹄筋

制作时间 25分钟

材料 牛蹄筋、泡椒各200克，黄瓜、蒜苗各适量

调料 盐3克，味精1克，酱油10克，红油15克

做法

1. 牛蹄筋洗净，切段；泡椒洗净；黄瓜洗净，切块；蒜苗洗净，切段。
2. 锅中注油烧热，放入牛蹄筋炒至发白，倒入泡椒、黄瓜、蒜苗一起炒匀。再放入红油炒至熟，加入盐、味精、酱油调味，起锅装盘即可。

香菇煨蹄筋

制作时间 27分钟

材料 牛蹄筋250克，香菇、胡萝卜、西兰花各200克

调料 香卤包1包，盐少许，蚝油20克，淀粉适量

做法

1. 西兰花洗净掰成小朵；胡萝卜洗净切丁；香菇洗净切块，均入锅煮熟备用。
2. 牛蹄筋洗净，入锅加水、香卤包煮熟。
3. 将淀粉、蚝油拌匀煮沸，放香菇、蹄筋、盐，炒至汁干，加入西兰花和胡萝卜即可食用。

牛肚炒香菇

制作时间 25分钟

材料 油面筋、香菇各50克，牛肚100克

调料 红椒1个，姜片6克，蒜片、葱段、盐各5克

做法

1. 油面筋对切；香菇洗净，切片；牛肚洗净，煲烂，切片；红椒洗净，切片。
2. 锅加油烧热，将牛肚入油锅中滑熟。
3. 锅置火上，加油烧热，爆香姜片、蒜片、葱段、红椒片，放入油面筋、牛肚、香菇，加入盐炒熟即可。

香辣牛肚

制作时间 35分钟

材料 牛肚500克，莲藕300克

调料 料酒、糖、酱油、盐、鸡精、红油各适量

做法

1. 牛肚洗净，入冷水锅中煮好，捞出，切丝。
2. 莲藕洗净，去皮，切片，入开水稍煮备用。
3. 油锅烧热，放入牛肚，加料酒、糖、酱油、红油、盐翻炒均匀。
4. 加入莲藕翻炒均匀。
5. 加入鸡精炒匀，装盘即可。

芹香牛肚

制作时间 18分钟

材料 芹菜、熟牛肚各300克

调料 黄椒、红椒各20克，料酒5克，盐、糖各3克

做法

1. 芹菜洗净，切段。
2. 熟牛肚洗净切成丝。
3. 黄椒、红椒去蒂去籽，洗净，切成条。
4. 锅倒油烧热，倒入芹菜段翻炒一下，然后倒入牛肚丝、黄椒、红椒条继续翻炒均匀。
5. 加入料酒、盐、糖炒匀即可。

小炒牛肚

制作时间 25分钟

材料 牛肚1个，红辣椒50克，蒜苗20克

调料 盐4克，鸡精、酱油、蚝油、红油、香油各5克

做法

1. 牛肚治净，切件，放入烧热的油锅里，炸至金黄色，捞出备用。
2. 红椒洗净切圈；蒜苗洗净，切段备用。
3. 油烧热，放入红椒片炒香，加入牛肚，放入蒜苗。
4. 调入调味料，炒匀入味即可。

小炒鲜牛肚

制作时间 15分钟

材料 鲜牛肚1个，蒜薹300克，红椒1个

调料 盐6克，味精、蚝油、香油、鸡精各5克

做法

1. 牛肚洗净卤好切丝。
2. 蒜薹洗净切段。
3. 红椒洗净切丝。
4. 倒油入锅，下入蒜薹、红椒、牛肚，加入盐、味精、蚝油、鸡精炒匀。
5. 淋上香油即可。

豆豉牛肚

制作时间 40分钟

材料 牛肚500克，葱段、姜块、葱白、甜椒各适量

调料 盐4克，豆豉15克，酱油、料酒、红油各适量

做法

1. 葱白、甜椒洗净切丝。
2. 把牛肚、料酒、葱段、姜块同放至开水中稍煮，捞出切片。
3. 油锅烧热，放入牛肚、甜椒炒熟，调入盐、豆豉、酱油炒至入味。
4. 最后淋上红油，撒上葱白即可。

牛百叶炒白勺

制作时间 35分钟

材料 牛百叶200克，白勺100克，绿豆芽适量

调料 盐3克，酱油2克，葱1棵

做法

1. 牛百叶、白勺、葱分别洗净后切细丝，备用；绿豆芽洗净。
2. 锅内烧水，放入牛百叶、白勺一起烫熟。
3. 油锅烧热，放入牛百叶、白勺、葱丝、绿豆芽炒匀。
4. 调入盐、酱油即可出锅。

羊肉

选购窍门

◎应选择呈均匀的鲜红色、细致紧密、有光泽、有弹性、外表略干、不黏手、气味新鲜的羊肉。

储存之道

◎新鲜羊肉要及时冷却或冷藏，使温度降到5℃以下，以减少细菌污染，延长保质期。

烹调妙招

◎羊肉特别是山羊肉膻味较大，去除膻味的方法有：食用前将羊肉切片、切块后，用冷却的红茶水浸泡1小时；煮制时加入米醋或山楂、枣、萝卜等；炒制时放入葱、姜、孜然、白酒等作料，均可有效去除羊肉的膻味。

◆**营养价值**：富含蛋白质、脂肪、维生素A、尼克酸、磷、钾、镁、铁、锌、硒等营养物质。

◆**食疗功效**：益气补虚、促进消化、补肾壮阳、生肌健力、抵御风寒。

小炒羊肉

制作时间 25分钟

材料 羊肉500克，红椒米、姜末、蒜末、葱花各少许

调料 盐5克，料酒10克，香油、美极鲜酱油各适量

做法

1. 羊肉治净，切片，用盐、料酒、美极鲜酱油腌渍。
2. 油烧热，下入羊肉翻炒至羊肉刚收色时，下入红椒米、姜蒜末、盐，烹入料酒，旺火翻炒，淋上香油，撒上葱花即成。

香芹炒羊肉

制作时间 20分钟

材料 羊肉400克，芹菜少许

调料 盐、味精、醋、酱油、红椒、蒜各适量

做法

1. 羊肉洗净，切片；芹菜洗净，切段；蒜洗净，切开；红椒洗净，切圈。
2. 锅内注油烧热，下羊肉翻炒至变色，加入芹菜、蒜、红椒一起翻炒。
3. 再加入盐、醋、酱油炒至熟时，加入味精调味，起锅装盘即可。

豆角炒羊肉

制作时间 3分钟

材料 豆角150克，羊肉100克，胡萝卜丝20克，蒜末、姜片、葱白各少许

调料 蚝油、味精、盐、白糖、料酒、生抽、水淀粉、生粉各适量

食材处理

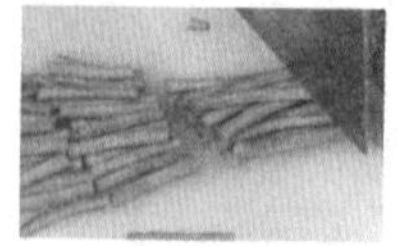

❶将洗净的豆角切段。

❷洗净的羊肉切片。

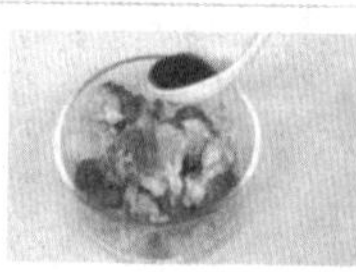

❸羊肉加盐、味精、料酒、生抽拌匀。

制作指导 豆角在炒之前要先焯一下，成品的色泽才会翠绿。豆角烹调时间不可过长，以免造成营养损失。

制作步骤

1 热锅注油，烧三成热，倒入豆角、胡萝卜丝。

2 滑油片刻捞出。

3 再倒入羊肉滑油片刻。

4 捞出滑好油的羊肉。

5 锅底留油，放入蒜末、姜片、葱白爆香。

6 倒入豆角。

7 再倒入羊肉。

8 淋上料酒炒香。

9 加蚝油、味精、盐、白糖炒入味。

10 加水淀粉勾芡。

11 盛入盘中即可。

洋葱爆羊肉

制作时间 20分钟

材料 羊肉400克，洋葱200克，鸡蛋、西红柿各1个

调料 盐、料酒、水淀粉、香油、葱白各适量

做法

1. 羊肉洗净切片，加盐、鸡蛋清、水淀粉搅匀；洋葱、葱白、西红柿洗净切好。
2. 盐、料酒、水淀粉搅匀成汁；油烧热，放入羊肉片，加洋葱搅散。
3. 入芡汁翻炒，淋香油，加葱白拌匀，西红柿片码盘装饰即可。

小炒黑山羊

制作时间 25分钟

材料 黑山羊肉350克，青红椒片、蒜苗各20克

调料 辣椒酱15克，料酒、淀粉、盐、红油各5克

做法

1. 黑山羊肉洗净，切成条，加入盐、料酒腌渍；蒜苗洗净，切斜段。
2. 锅倒油烧热，下入羊肉条炒熟后，捞出沥油。
3. 锅留油烧热，放入青红椒片、蒜苗段爆香，加辣椒酱翻炒，羊肉条回锅。
4. 加入盐，淋入红油，即可。

双椒炒羊肉

制作时间 22分钟

材料 羊肉400克，红椒、青椒各适量

调料 盐、味精、醋、酱油各适量

做法

1. 羊肉洗净，切片。
2. 青椒、红椒洗净，切丁。
3. 锅内注油烧热，下羊肉片翻炒至变色，加入红椒丁、青椒丁一起翻炒。
4. 再加入盐、醋、酱油炒至熟时，加入味精调味，起锅装盘即可。

小土豆羊排

制作时间 35分钟

材料 土豆300克，羊排350克

调料 红椒、辣椒酱各15克，料酒、盐各3克

做法

1. 羊排洗净，剁块，汆烫。
2. 土豆去皮，洗净，切成长条。
3. 红椒洗净，切斜段。
4. 油烧热，放入羊排炸至两面上色，捞出。
5. 另起锅烧热，入土豆炸至表皮微黄，入羊排，烹入料酒炒香。
6. 加红椒段、辣椒酱炒匀，加盐调味即可。

叫花羊排

材料 羊排250克，麻花100克，花生仁、洋葱各50克

调料 盐3克，红椒、青椒、干椒各20克，酱油适量

做法

1. 将羊排洗净，切块。
2. 花生仁洗净，放入油锅炒香。
3. 洋葱、红椒、青椒洗净切片。
4. 锅烧热油，放入羊排，炸至六成熟，捞起。
5. 烧热油，放入洋葱、红椒、青椒、干椒爆香，再放入羊排、麻花、花生仁。
6. 调入盐、酱油，炒熟即可。

椒丝羊排

制作时间 28分钟

材料 羊排350克

调料 豆豉辣酱、青椒、红椒各15克，盐3克

做法

1. 羊排洗净，剁成小块，入沸水汆烫后捞出；青椒、红椒洗净，切成丁。
2. 锅倒油烧热，倒入羊排炸熟，捞出。
3. 另起锅烧热，倒入豆豉辣酱炒香后，羊排回锅，加入青椒丁、红椒丁炒匀。
4. 加入盐炒匀后，出锅即可。

川香羊排

制作时间 18分钟

材料 羊排650克，烟笋80克，熟芝麻少许

调料 辣椒段、八角、料酒、酱油、葱段、盐各适量

做法

1. 羊排洗净，切块，入汤锅，加水、八角煮烂，捞出；烟笋泡发后，切成小条。
2. 油烧热，下辣椒段、烟笋略炒，再加入羊排，烹入料酒炒香。
3. 加盐、酱油、葱段，撒上芝麻，即可。

芝麻饼炒羊肉

制作时间 18分钟

材料 羊肉300克，芝麻饼、洋葱、青椒、红椒各适量

调料 盐3克，酱油5克，芝麻、香菜、料酒各适量

做法

1. 羊肉洗净切块，用盐、酱油和料酒腌渍；青椒、红椒洗净切圈；洋葱洗净切丝；香菜洗净切段；芝麻饼1/4切开装盘。
2. 油锅加热，放入青椒、红椒、洋葱、盐翻炒片刻，倒入羊肉，再撒入芝麻。炒熟后，放入香菜。

蒜苗羊肉

制作时间 18分钟

材料 羊肉350克，蒜苗、红椒各适量

调料 老干妈辣椒酱15克，盐、鸡精各3克

做法

1. 将羊肉洗净，切成片；蒜苗洗净，斜切成段；红椒洗净，切菱形片。
2. 锅内注入适量油烧热，倒入羊肉爆炒，再加入老干妈辣椒酱、蒜苗和红椒同炒至熟。
3. 加入盐、鸡精调味，起锅。

青瓜炒羊片

制作时间 30分钟

材料 青瓜200克，羊腿1只，蒜蓉15克

调料 盐5克，淀粉100克，松肉粉适量

做法

1. 羊腿去皮、骨，取肉洗净切片；青瓜洗净切片。
2. 将羊肉用松肉粉腌渍，再入开水中焯烫。
3. 锅上火，油烧热，炒香蒜蓉，放入羊片、青瓜片翻炒，调入盐炒匀，用淀粉勾芡即可。

羊杂

◆**营养价值**：富含蛋白质、脂肪、碳水化合物、维生素A、B族维生素、烟酸、钙、铁、磷、锌、硒等营养物质。

◆**食疗功效**：补血、补肝明目、补虚强身。

选购窍门

◎应选择坚实、有弹性、无异味的羊肚。

储存之道

◎应放于冰箱冷藏并尽快食用。

烹调妙招

◎新鲜羊肝在烹调之应前用水冲洗10分钟，然后再浸泡30分钟，以去除污物和杂质。

老干妈羊腰

制作时间 25分钟

材料 羊腰肉500克，芹菜300克，红尖椒段30克

调料 孜然、辣椒酱各15克，料酒、盐各适量

做法

1. 羊腰肉剔去臊腺筋膜，汆烫，加入料酒、盐拌匀。
2. 芹菜洗净，切段。
3. 锅倒油烧热，倒入辣椒酱、羊腰爆炒后，加入红尖椒。
4. 调入盐、芹菜段煸炒至熟后。
5. 撒上孜然炒匀，即可装盘。

爆炒羊肚丝

制作时间 25分钟

材料 羊肚300克，葱、姜、蒜各10克，洋葱15克，青、红椒及干辣椒各15克

调料 花椒3克，盐5克，味精1克，白糖少许，酱油5克

做法

1. 葱、姜、蒜洗净切片。
2. 洋葱、青椒、红椒均洗净切丝。
3. 羊肚洗净，羊肚入锅煮熟后切丝。
4. 将羊肉丝放入油锅中炒香后捞出，葱、姜、蒜、花椒炒香，加入洋葱、干辣椒、青红椒爆炒。
5. 再下入羊肚丝，调入盐、味精、白糖、酱油炒入味即可。

第5部分

美味禽蛋小炒

畜肉和禽肉是人们食用得最多的肉类，提供禽肉的家禽主要是鸡、鸭、鹅等。蛋类含有丰富的蛋白质，是天然的健康食品。禽蛋类食物怎么制作才能留住更多的营养元素？怎样才能变着花样烹制出不同样式的禽蛋类菜肴？下面我们将一一为您解答。

鸡肉

◆**营养价值**：富含蛋白质、脂肪、尼克酸、核黄素、维生素 A、维生素 C、钙、磷、铁、钾、锌、硒等营养物质。

◆**食疗功效**：补精填髓、益五脏、补虚损、健脾胃、活血脉、强筋健骨、治疗失眠、安神、润泽肌肤、延缓衰老。

选购窍门

◎应选择肉质紧密、呈粉红色、有光泽，皮呈米色、有光泽、有张力、毛囊突出的鸡肉。

储存之道

◎应放入冰箱冷藏。

烹调妙招

◎将刚宰杀的鸡放在加了盐的啤酒中浸泡 1 个小时，可以去除腥味。买回的冻鸡，在烹饪前先用姜汁浸泡 3 至 5 分钟，能起到返鲜的作用，也可去除腥味。烹饪之前将鸡肉放在沸水中烫透，使鸡肉表皮受热，毛孔张开，可以排除一些表皮脂肪油，同样可以达到去除腥味的作用。

西芹腰果鸡丁

制作时间 20分钟

材料 鸡肉150克，西芹350克，胡萝卜丁、腰果各适量

调料 盐3克，水淀粉适量，姜片、蒜片、葱段各5克

做法

1. 西芹洗净切段。
2. 鸡肉洗净切丁。
3. 腰果炸好。
4. 西芹、胡萝卜丁过水至熟，鸡丁过油。
5. 将姜片、蒜片、葱段爆香，放入西芹、胡萝卜丁、鸡丁炒熟。
6. 加入盐，用水淀粉勾芡，装盘后放上腰果即可。

腰果鸡脯肉

制作时间 18分钟

材料 腰果200克，鸡脯肉150克，红椒1个

调料 葱10克，盐5克，味精3克

做法

1. 将鸡脯洗净，切丁。
2. 红椒洗净，切丁。
3. 葱洗净切圈；腰果洗净。
4. 锅中加油烧热，下入腰果炸至香脆，加入红椒丁、葱圈和鸡丁炒熟。
5. 调入盐、味精炒匀即可。

芽菜碎米鸡

制作时间 18分钟

材料 芽菜200克，鸡脯肉300克，青、红椒段各20克

调料 淀粉、盐、白糖、料酒、香油各5克

做法

1. 芽菜洗净，切碎；鸡脯肉洗净，剁成粒，加盐、料酒、淀粉码味。将盐、白糖、淀粉加水调成味汁，待用。
2. 油烧热，放入鸡粒滑散，去余油，入芽菜、青红椒段炒香，倒入味汁，淋入香油推匀即可。

川东风味鸡

制作时间 16分钟

材料 鸡胸肉400克，红辣椒、青辣椒各20克

调料 泡椒10克，盐3克，蒜2克

做法

1. 鸡胸肉洗净切成条；泡椒、红辣椒和青辣椒分别洗净切段；蒜洗净切末。
2. 锅中倒油加热，下入蒜末爆香，再倒入鸡胸肉炒至变色。
3. 加入盐和辣椒，炒熟入味即可。

神仙馋嘴鸡

制作时间 25分钟

材料 鸡胸肉300克，松仁200克，花生仁50克

调料 青辣椒、红辣椒各20克，盐2克，酱油3克

做法

1. 鸡胸肉洗净切丁，用少许盐、酱油抹匀腌渍；青、红辣椒洗净切碎；松仁、花生仁分别洗净。
2. 锅中倒油加热，下入鸡胸肉炸熟，倒入青辣椒、红辣椒炒入味。
3. 倒入松仁和花生仁炒熟，加盐调味后出锅。

咸鱼鸡粒芥蓝

制作时间 18分钟

材料 咸鱼20克，鸡粒100克，芥蓝片350克，辣椒2个

调料 盐10克，味精3克，鸡精6克，糖30克

做法

1. 辣椒洗净去蒂切角；咸鱼洗净。
2. 锅中油烧热，放入咸鱼、鸡粒、芥蓝片爆香盛出，再放入盐、糖炒热。
3. 加入咸鱼、鸡粒、芥蓝片，调入味精、鸡精即可。

腐乳鸡

制作时间 16分钟

材料 鸡腿2个，豆腐乳4块，腐乳汁20克

调料 红油5克，盐3克，红椒段、葱花、淀粉各20克

做法

1. 将鸡腿洗净，剁小块备用；豆腐乳压成泥，与腐乳汁、鸡块拌匀，腌至入味。
2. 将腌好的鸡块沾上淀粉，放入七成热的油锅中，用中火炸至酥黄，捞出沥油；红油、盐、红椒段、葱花入锅炒香，加入鸡块炒匀即可。

鸡丝炒黄花菜

制作时间 16分钟

材料 鸡脯肉、鲜黄花菜各200克

调料 盐1小匙，新鲜百合1个

做法

1. 鸡脯肉洗净，切丝；百合洗净剥瓣，修葺老边和心；黄花菜去蒂，洗净。
2. 油锅加热，先下鸡肉丝拌炒，续下黄花菜、百合，加盐调味，并加入2大匙水快炒，待百合稍微变半透明状即可。

五彩鸡丝

制作时间 45分钟

材料 鸡脯肉200克，土豆、青红椒、胡萝卜各80克

调料 盐3克，味精2克，料酒8克，淀粉15克

做法

1. 鸡脯肉、青红椒均洗净，切丝；土豆、胡萝卜均去皮，洗净，切丝；鸡脯肉用淀粉、盐腌渍半小时。
2. 油锅烧热，加入鸡丝快炒，再放入土豆、青红椒、胡萝卜拌炒。烹入料酒，加味精翻炒即可。

菱角炒鸡片

制作时间 16分钟

材料 熟菱角肉200克，鸡脯肉150克

调料 盐、葱花、姜片、红椒、淀粉、蛋清各适量

做法

1. 鸡脯肉洗净切片；红椒洗净切段。
2. 鸡肉片拍上淀粉，再用蛋清挂糊。
3. 油烧热，爆香姜片、葱花、红椒，下鸡肉片炒开，再加入菱角炒熟，加调味料即可。

银杏鸡脆

制作时间 22分钟

材料 鸡肉250克，银杏150克，杏仁、胡萝卜各20克

调料 酱油、鸡精、盐各适量，葱30克

做法

1. 鸡肉洗净，切块；银杏洗净；胡萝卜洗净，切片；葱洗净切段；杏仁入锅煮熟后，捞出。
2. 油烧热放入鸡块炒熟，再放入银杏、杏仁、胡萝卜翻炒至熟。
3. 加入葱段、酱油、鸡精、盐炒入味即可。

玉米炒鸡肉

制作时间 15分钟

材料 鸡脯肉150克，玉米100克，青、红椒各50克

调料 盐5克，料酒5克，鸡精3克，姜5克

做法

1. 鸡脯肉洗净剁成末；青、红椒去蒂洗净切丁。将鸡脯肉加盐、料酒、姜腌入味，于锅中滑炒后捞起待用。
2. 油烧热，炒香玉米、青椒、红椒，再入鸡肉末炒入味，调入盐、鸡精，即可起锅。

澳门咖喱鸡

制作时间 20分钟

材料 鸡件250克，薯仔150克，青椒、红椒、洋葱各适量

调料 咖喱酱8克，花奶40克，淀粉、辣椒油各10克

做法

1. 青椒、红椒、洋葱均洗净切块；薯仔用咖喱酱腌渍入味。油烧热，放鸡炸至金黄色，捞出沥油。
2. 锅内余油爆香青椒、红椒、洋葱。加入鸡件、薯仔炒匀，调入花奶，淀粉勾芡，淋上辣椒油。

新疆大盘鸡

制作时间 25分钟

材料 鸡1只，土豆500克，干辣椒、蒜、姜、葱各10克

调料 花椒5克，盐5克，白糖少许

做法

1. 鸡治净斩块；葱、姜、蒜洗净切片；土豆洗净切块。
2. 油锅烧热，放入鸡块，调入白糖上色，加入土豆、干辣椒炒香。
3. 加少许水，放入姜、葱、蒜及调味料，炖至熟，猛火收汁即可。

西兰花炒鸡块

制作时间 22分钟

材料 西兰花150克，鸡胸肉250克

调料 生抽、蒜、淀粉、白糖、香油、盐各适量

做法

1. 鸡胸肉洗净切块，加入白糖、淀粉、生抽拌匀至入味；蒜洗净切成末；西兰花洗净，掰成小朵，用开水焯烫后捞出，待用。锅上火放油，至三成热时加入适量的盐微炒。
2. 倒入鸡丁、蒜末，炒出蒜香时放入西兰花、白糖、生抽翻炒均匀，调入盐，淋入香油即可出锅。

山城辣子鸡

制作时间 25分钟

材料 鸡翅300克，干辣椒20克，姜、蒜各3克

调料 盐6克，味精3克，花雕酒8克，花椒油10克

做法

1. 鸡翅洗净切成小块；干辣椒用水稍洗；姜、蒜洗净切末。
2. 油烧热，下入鸡肉块炸至金黄色后捞出。
3. 原锅留油，炒香干辣椒和姜、蒜末，下入鸡块、调味料，炒至鸡块入味即可。

碧螺春鸡柳

制作时间 25分钟

材料 碧螺春茶10克，肉蟹1只，鸡肉100克，鸡蛋1个

调料 清鸡汤1袋，盐5克，胡椒粉5克，淀粉少许

做法

1. 将蟹肉、鸡肉洗净后切成片状，过油；碧螺春泡10分钟；鸡蛋打散。
2. 锅内注少许油，加入调味料，再倒入蟹肉、鸡肉、蛋液翻炒均匀。
3. 打薄芡出锅，撒碧螺春茶叶于菜面上即可。

竹筒椒香鸡

制作时间 30分钟

材料 鸡胸肉350克，熟芝麻、青红椒片各20克

调料 料酒、盐、胡椒粉、椒盐各适量，蛋液30克

做法

1. 鸡胸肉洗净，切成块，加入盐、料酒、胡椒粉腌渍，裹上蛋液。
2. 锅倒油烧热，放入鸡块炸至金黄，捞出。
3. 锅留油烧热，鸡块回锅，加入青椒、红椒炒熟，撒上芝麻拌匀，出锅即可。

奇妙鸡脆骨

制作时间 17分钟

材料 鸡脆骨200克，青椒、红椒、妙脆角各适量

调料 盐2克，料酒8克，生抽少许

做法

1. 鸡脆骨洗净，用料酒腌渍去腥；青、红椒洗净，切圈。
2. 油锅烧热，下鸡脆骨爆炒至八成熟，加入青、红椒继续翻炒至熟，加盐、生抽调味。鸡脆骨出锅盛盘，周围用妙脆角摆造型点缀。

美极跳跳骨

制作时间 18分钟

材料 鸡脆骨300克，青椒、红椒各适量

调料 盐2克，醋3克，酱油4克，味精适量

做法

1. 将鸡脆骨洗净，剁成小块；青椒、红椒洗净，切块。锅内注油烧热，放入鸡脆骨翻炒至变色，再放入青椒、红椒。
2. 加入盐、醋、酱油翻炒至熟后，加入味精调味，起锅装盘即可。

小瓜炒鸡脆骨

制作时间 22分钟

材料 云南小瓜250克，鸡脆骨200克，蒜头10克

调料 面粉适量，盐4克，味精2克

做法

1. 云南小瓜、鸡脆骨洗净切粒；蒜头洗净。
2. 将鸡脆骨裹上用面粉、盐、味精、少许水调成的面糊。
3. 油烧热，入蒜头炒香，放入小瓜粒和裹上面粉糊的鸡脆骨，炒熟，加盐、味精即成。

香果鸡软骨

制作时间 20分钟

材料 鸡软骨300克，腰果、青椒、红椒各适量

调料 盐3克，味精1克，醋8克，酱油10克

做法

1. 鸡软骨洗净，切小段；青椒、红椒洗净，切片。
2. 锅内注油烧热，下鸡软骨翻炒至变色，加入腰果、红椒、青椒炒匀。
3. 再加入盐、醋、酱油翻炒至熟，加入味精调味即可。

小炒鸡节骨

制作时间 15分钟

材料 鸡节骨300克，青椒、红椒各适量

调料 盐2克，味精2克，料酒、酱油、糖各适量

做法

1. 鸡节骨洗净，切成小块；青椒、红椒洗净，切丁备用。油锅烧热，放入鸡节骨，加盐、料酒、酱油、糖，翻炒均匀。
2. 待鸡节骨八成熟时，放入青椒、红椒翻炒，加入味精调味即可。

干椒爆子鸡

制作时间 16分钟

材料 净子鸡400克，洋葱、干辣椒、花椒各适量

调料 青、红椒各20克，料酒、盐、白糖、鸡精各少许

做法

1. 净子鸡洗净切块；洋葱、青椒、红椒洗净切小块。
2. 鸡块用料酒、盐腌渍；锅倒油烧热，放入干辣椒、花椒炒香，加入鸡块翻炒。
3. 最后倒入洋葱、青椒、红椒，调入白糖、鸡精，炒熟至入味即可。

香辣孜然鸡

制作时间 18分钟

材料 鸡肉350克，白熟芝麻30克，洋葱40克

调料 盐3克，青椒、红椒各20克，孜然粉15克

做法

1. 将鸡肉、洋葱、青红椒洗净，切块。锅中倒适量油烧热，放入鸡块炸至两面金黄，捞起，沥干油。
2. 另起锅，倒油烧热，放入青椒、红椒、洋葱爆香，放入鸡块，最后调入盐、孜然粉炒熟，撒上白熟芝麻即可。

巴蜀飘香鸡

制作时间 20分钟

材料 鸡脯肉300克，土豆200克，红、青椒丁各20克

调料 盐3克，酱油、孜然、白芝麻、干椒各10克

做法

1. 鸡脯肉洗净切丁；土豆洗净，去皮切丁；孜然、白芝麻分别洗净沥干。
2. 锅中倒油烧热，下入土豆丁炒至表皮略焦，再倒入鸡丁炒熟，加盐和酱油调味。倒入青椒丁、红椒丁、干椒丁炒匀，加入孜然和白芝麻炒匀。

农家尖椒鸡

制作时间 16分钟

材料 鸡腿肉350克，豌豆300克，水淀粉10克

调料 红泡椒、尖椒各20克，盐、生抽、米醋5克

做法

1. 鸡腿肉切成块；尖椒洗净，切成圈；豌豆洗净。
2. 油烧热，入鸡肉炸至焦黄，加入豌豆、泡红椒、尖椒翻炒，调入生抽，翻炒均匀。
3. 加适量水烧至汁水将干时，加盐、生抽、醋翻匀，以水淀粉勾芡，出锅即可。

双菇滑鸡柳

制作时间 18分钟

材料 滑子菇、草菇、上海青各200克，鸡脯肉300克

调料 辣椒块15克，水淀粉6克，酱油、糖、盐各3克

做法

1. 鸡脯肉洗净，切条；滑子菇、草菇去蒂洗净，氽水捞出沥干；上海青洗净，对半切开，焯水捞出装盘。将水淀粉、酱油、白糖、盐兑成味汁。
2. 油烧热，入鸡柳、滑子菇、草菇，加辣椒块炒熟，烹入味汁炒匀即可。

鲜芒炒鸡柳

制作时间 25分钟

材料 芒果150克，鸡肉200克，芹菜梗、芦笋各适量

调料 红椒50克，盐3克，鸡精1克

做法

1. 芒果洗净，去皮切条；芹菜梗、芦笋、红椒分别洗净切条；鸡肉洗净切成鸡柳。
2. 锅中倒油加热，下入鸡柳炒至变色，再倒入剩余原材料一同炒熟。
3. 加入适量盐和鸡精炒入味，即可出锅装盘。

小炒鸡腿肉

制作时间 20分钟

材料 鸡腿350克，青椒丁、红椒丁各30克

调料 蒜20克，蒜苗7克，盐3克，酱油5克

做法

1. 鸡腿去骨洗净切成丁，加入盐、酱油腌渍；蒜苗、辣椒洗净，切段；蒜去皮洗净，切成粒。
2. 油烧热，下入鸡腿肉丁炒散后，盛起；留油烧热，放入蒜粒、青红椒丁、蒜苗翻炒。加入盐调味，鸡腿肉丁回锅翻炒均匀即可。

鸡翅小炒

制作时间 18分钟

材料 鸡翅400克，蒜薹200克，干辣椒10克

调料 盐、鸡精、嫩肉粉、料酒、老抽各5克

做法

1. 将鸡翅洗净切段，加入嫩肉粉、盐、鸡精、料酒腌入味，过油至熟备用；蒜薹洗净切段；干辣椒洗净切丝备用。
2. 锅上火，油烧至热，炒香蒜薹、干辣椒，放入鸡翅，加入老抽、盐、鸡精，炒匀入味即可。

香辣鸡翅

制作时间 20分钟

材料 鸡翅400克，干椒20克，花椒10克

调料 盐5克，味精3克，红油8克，卤水50克

做法

1. 将鸡翅洗净，放入烧沸的油中，炸至金黄色捞出。
2. 鸡翅放入卤水中卤至入味。
3. 锅中加油烧热，下入干椒、花椒炒香后，放入鸡翅，加入调味料炒至入味即可。

板栗烧鸡翅

制作时间 25分钟

材料 鸡翅300克，板栗100克

调料 盐、味精各3克，酱油、料酒、蚝油各10克

做法

1. 鸡翅洗净，砍成小块，用盐、料酒、酱油腌渍；板栗焯水后去皮。
2. 油锅烧热，下鸡翅滑熟，再放入板栗翻炒片刻。
3. 调入味精、蚝油和适量清水烧开，再盖盖焖烧至入味，收汁装盘即可。

炒鸡翅

制作时间 25分钟

材料 鸡翅400克，洋葱、红椒、青椒各10克

调料 辣椒酱4克，盐2克

做法

1. 鸡翅洗净，剁成块，用刀在表面划几道，抹上盐腌至入味；洋葱、红椒、青椒分别洗净切块。
2. 锅中倒油加热，下入洋葱块、红椒块、青椒块炒香，再下入鸡翅块炒熟。
3. 倒入辣椒酱炒匀入味，即可出锅。

鸡杂

◆**营养价值**：含有蛋白质、脂肪、碳水化合物、烟酸、尼克酸、钙、铁、磷、钾、锌、硒等营养物质。

◆**食疗功效**：开胃、助消化、滋润肌肤、强身健体、补血养血。

选购窍门

◎应选颜色鲜明、气味纯正、个大、光滑、完整、有弹性、未被胆汁污染的鸡肝。

储存之道

◎应放入冰箱冷藏并尽快食用。

烹调妙招

◎在食用鸡肝、鸡胗、鸡心等食物前，应先将其放入热水中充分浸泡，再用温水彻底清洗干净，再进行烹制。

鸡胗三圆

制作时间 22分钟

材料 鸡胗200克，肉丸、鱼丸各150克

调料 青椒、红椒各10克，酱油、盐、番茄酱各3克

做法

1. 鸡胗洗净切片。
2. 肉丸、鱼丸分别洗净。
3. 青椒、红椒分别洗净切条。
4. 锅中倒油烧热，下入肉丸和鱼丸炒匀，再下鸡胗翻炒至熟。
5. 下青椒和红椒炒匀，再下盐、酱油和番茄酱调好味即可。

泡椒鸡胗

制作时间 20分钟

材料 鸡胗500克，野山椒20克，红泡椒20克，蒜10克，姜10克

调料 盐5克，鸡精2克，胡椒粉2克

做法

1. 鸡胗洗净切十字花刀；蒜去皮洗净切片；姜洗净切片。
2. 锅上火，注入清水适量，调入少许盐，水沸放入鸡胗焯烫，至七成熟捞出，沥干水分。
3. 锅上火，油烧热，放入姜片、蒜片、野山椒、红泡椒炒香。
4. 加入焯好的鸡胗，调入盐、鸡精、胡椒粉炒至熟，即可装盘。

小炒鸡胗

制作时间 4分钟

材料 鸡胗200克，青椒、红椒各20克，芹菜15克，姜片、蒜末、葱白各少许

调料 料酒3克，盐4克，味精2克，豆瓣酱、水淀粉、生粉各适量

食材处理

①青椒洗净，切开去籽，切成块。

②红椒洗净，对半切开，切成块。

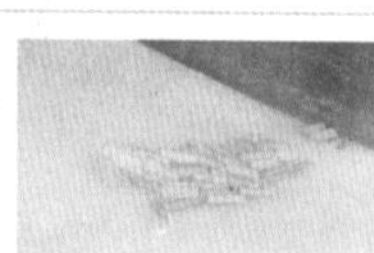

③芹菜洗净切成段。

④鸡胗洗净，改刀切成块。

⑤鸡胗加入少许盐、料酒拌匀，加生粉拌匀，腌渍10分钟入味。

⑥锅中加清水烧开，倒入切好的鸡胗。

⑦汆至断生捞出。

⑧热锅注油，烧至四成热，倒入鸡胗。

⑨滑油片刻捞出备用。

制作指导 鲜鸡胗要仔细清洗，可先用沸水稍烫以去异味。

制作步骤

①锅底留油，倒入姜片、蒜末、葱白爆香。

②倒入红椒、青椒炒匀。

③再倒入鸡胗炒约2分钟至熟透。

④加适量的料酒炒香。

⑤加盐、味精、豆瓣酱炒匀调味。

⑥再倒入切好的芹菜。

⑦加水淀粉勾芡。

⑧翻炒片刻至入味。

⑨盛出装盘即可。

尖椒炒鸡肝

制作时间 12分钟

材料 鸡肝400克，青椒100克，红椒50克

调料 盐、味精、料酒各适量，淀粉10克，姜1块

做法

1. 鸡肝洗净切片，辣椒、姜洗净切片。
2. 锅内放油，将鸡肝快速过一下油，捞出。
3. 锅内留油，将青椒、红椒炒香，下姜片、鸡肝旺火翻炒。
4. 调入味精、盐、料酒，加淀粉勾芡，装盘即成。

蘑菇炒肾球

制作时间 16分钟

材料 蘑菇、鸡肾、姜、蒜苗各适量

调料 盐5克，蚝油10克，水淀粉、麻油、绍酒各适量

做法

1. 蘑菇洗净；鸡肾洗净去筋，切花刀；生姜去皮切片；蒜苗洗净切段。
2. 鸡肾加盐、绍酒、湿淀粉腌渍；水烧开放入鸡肾煮开，捞起。
3. 锅下油，投入姜片、蒜苗、鸡肾、蘑菇爆炒，调入调味料炒透勾芡，淋麻油即成。

春笋炒鸡肾

制作时间 15分钟

材料 春笋150克，鸡肾200克，淀粉少许

调料 泡辣椒、泡姜、葱段、料酒、盐、味精各适量

做法

1. 春笋洗净切片，鸡肾去筋改刀码上盐、淀粉；泡姜、泡椒洗净改刀。
2. 油烧热，放入泡辣椒、鸡肾炒散，放入春笋片、泡姜、泡椒、葱段一起炒匀。
3. 最后烹入料酒、味精，用淀粉勾芡，炒匀起锅即成。

酸豆角炒鸡杂

制作时间 15分钟

材料 酸豆角200克，鸡杂150克，指天椒20克

调料 盐2克，味精3克，酱油5克

做法

1. 将酸豆角稍泡去掉咸味后，切成长段。
2. 鸡杂洗净切麦穗花刀，再用盐、酱油腌渍一会。
3. 油烧热，下入鸡杂、酸豆角，加指天椒爆炒熟后调味即可。

鸭肉

◆**营养价值**：富含蛋白质、脂肪、维生素A、B族维生素、尼克酸、磷、钾、钠、锌、硒等营养物质。

◆**食疗功效**：养胃滋阴、清肺解热、大补虚劳、利水消肿。

选购窍门

◎应选择肉质紧密饱满、肉呈粉红色且有光泽、鸭皮光亮且有张力、毛囊突出的鸭肉。

储存之道

◎应放入冰箱冷藏并尽快食用。

烹调妙招

◎炖煮老鸭时，在锅内放几粒螺蛳肉，可使肉酥烂易熟。

姜葱爆生鸭

制作时间 15分钟

材料 净鸭500克，姜、葱、红椒各20克

调料 料酒3克，生抽、老抽各5克，白糖6克

做法

1. 净鸭洗净，斩块，汆水，沥干。
2. 姜、葱洗净切成丝。
3. 红椒洗净切成丝。
4. 锅倒油烧热，放入鸭块爆炒，烹入料酒炒至变色，加入生抽、白糖、水焖一下。
5. 加入老抽上色，再倒入姜丝、葱丝、红椒炒拌均匀即可。

锅巴美味鸭

制作时间 18分钟

材料 烧鸭350克，锅巴50克，熟白芝麻30克

调料 盐3克，干椒40克

做法

1. 将烧鸭砍成大小一致的块。
2. 锅巴掰成小块。
3. 干椒洗净切碎。
4. 起锅，烧热油，放入烧鸭块、锅巴、干椒，翻炒。
5. 调入盐，炒熟，最后撒上熟白芝麻即可。

尖椒爆鸭

制作时间 23分钟

材料 板鸭500克，泡椒适量，尖椒少许

调料 盐3克，味精2克，醋8克，酱油15克

做法

1. 板鸭治净，切块；泡椒洗净；尖椒洗净，切片。
2. 锅内注油烧热，放入鸭块翻炒至干香吐油时，加入泡椒、尖椒炒匀。
3. 再加入盐、醋、酱油翻炒至熟后，加入味精调味，起锅装盘即可。

芹香鸭脯

制作时间 20分钟

材料 芹菜、鸭脯肉各300克，蛋清30克，淀粉10克

调料 红辣椒、豆瓣酱各15克，盐3克，鸡精1克

做法

1. 芹菜、红椒洗净，切成小丁；鸭脯肉洗净，切成丁，用蛋清、淀粉上好浆。
2. 锅倒油烧至六成热，倒入豆瓣酱、红辣椒炒香后，放入鸭肉丁炒至八分熟后，倒入芹菜丁继续翻炒。再加入盐、鸡精炒至熟后起锅即可。

松香鸭粒

制作时间 18分钟

材料 松子仁、豌豆、胡萝卜各适量，鸭肉300克

调料 料酒6克，盐3克，味精1克

做法

1. 鸭肉洗净，切成粒；豌豆洗净；胡萝卜去皮，洗净，切成丁。
2. 炒锅烧热，倒入松子仁翻炒至金黄，盛出晾凉；另起锅烧热，入鸭粒、豌豆、胡萝卜丁翻炒至熟，入松子仁炒一会儿。入料酒、盐、味精翻炒入味出锅。

爆炒鸭丝

制作时间 15分钟

材料 鸭里脊肉100克，青红椒、木耳、干椒各5克

调料 味精、料酒各2克，白糖、酱油、盐各5克

做法

1. 鸭里脊肉洗净切丝；青、红椒洗净切丝；木耳泡发洗净切丝。
2. 锅中油烧热，放入肉丝滑炒熟，盛出，放入青、红椒、干辣椒煸香。调入调味料，加入鸭丝及木耳炒匀入味，即可。

鸭杂

◆**营养价值**：富含蛋白质、脂肪、维生素A、B族维生素、尼克酸、磷、钾、钠、锌、硒等营养物质。

◆**食疗功效**：补血养血、强筋健骨、开胃、利水消肿。

选购窍门

◎应选择颜色较暗、弹性较好、细腻嫩滑、有较浓腥味的鸭血。

储存之道

◎应放入冰箱冷藏并尽快食用。

烹调妙招

◎烹制鸭血放入葱、姜、辣椒等作料以去除鸭血的异味。

葱爆鸭舌

制作时间 12分钟

材料 鸭舌250克，葱30克

调料 盐3克，味精1克，水淀粉10克

做法

1. 鸭舌洗净切成条状，用水淀粉拌匀。
2. 葱洗净切成丝。
3. 锅倒油烧热，放入鸭舌炸至金黄捞出。
4. 另起锅倒油烧热，放入葱丝炒香，鸭舌回锅爆炒。
5. 调入盐和味精即可。

鲜芦笋炒鸭舌

制作时间 20分钟

材料 鸭舌、芦笋各300克

调料 盐、酱油各2克，辣椒酱3克

做法

1. 芦笋洗净切段。
2. 鸭舌治净。
3. 锅中倒油烧热，下入鸭舌翻炒，加入芦笋段炒熟。
4. 下盐、酱油和辣椒酱，充分炒匀入味即可。

泡椒鸭舌

制作时间 22分钟

材料 鸭舌300克，黄瓜100克

调料 泡椒10克，红辣椒、葱白、盐各3克，红油5克

做法

1. 鸭舌洗净切块；黄瓜洗净，去皮切条；红辣椒洗净；葱白洗净切段。
2. 锅中倒油烧热，下入鸭舌和黄瓜条炒熟，加入葱白和盐，炒匀调味。
3. 倒入红油和泡椒、红辣椒，炒匀后即可出锅。

洋葱爆鸭心

制作时间 18分钟

材料 鸭心400克，洋葱100克，红椒、青椒各适量

调料 盐3克，老抽10克，料酒12克，干辣椒适量

做法

1. 鸭心洗净，切成片；洋葱洗净，切片；红、青辣椒洗净，均切成菱形片；干辣椒洗净，切段。
2. 炒锅置于火上，注油烧热，下干辣椒爆炒，放入鸭心翻炒，再放入盐、老抽、料酒、洋葱及青、红椒炒至汤汁变干即可。

核桃鸭胗球

制作时间 20分钟

材料 鸭胗200克，糖衣核桃200克，姜末10克

调料 盐3克，糖7克，香油20克，料酒5克，番茄酱10克

做法

1. 鸭胗切除筋皮，在内侧划出花穗状的交叉刀纹，入开水中汆烫后捞出。
2. 锅中放油烧热，放入鸭胗快速过油。锅加油烧热，爆香姜末，放入鸭胗，调味，用大火快速拌炒，等汤汁在表层收干后，撒上糖衣核桃。

火爆鸭杂

制作时间 12分钟

材料 鸭杂300克，木耳、冬笋、青红椒各适量

调料 番茄酱5克，胡萝卜20克，盐、酱油各3克

做法

1. 鸭杂洗净切好；木耳洗净，撕成小块；冬笋和红、青椒洗净切片；胡萝卜去皮切片。
2. 锅中倒油加热，下入木耳、鸭杂、冬笋炒熟，再加入胡萝卜、红椒、青椒炒匀。
3. 加盐和酱油、番茄酱调好味，即可出锅。

茭白炒鸭肫

制作时间 20分钟

材料 鸭肫150克，茭白丝200克，豆瓣、红椒各适量

调料 盐、生抽、料酒、白胡椒粉、香油各适量

做法

1. 鸭肫洗净切小片，用料酒、白胡椒粉腌渍片刻；豆瓣洗净备用；红椒洗净切丝。
2. 锅内注油，烧热后入鸭肫煸炒，入红椒丝、豆瓣、茭白同炒。
3. 加适量清水，焖煮5分钟。放盐、生抽、香油调味，翻炒均匀，盛盘即可。

老干妈炒鸭肠

制作时间 15分钟

材料 鸭肠400克，小米椒20克，老干妈豆豉适量

调料 陈醋10克，盐4克，味精2克，鸡精2克

做法

1. 鸭肠用醋清洗干净后，切成段；小米椒洗净切丝。
2. 锅上火，加入适量水烧沸，放入鸭肠，焯熟捞出，沥干水分。
3. 锅上火，油烧热，放入小米椒、老干妈豆豉炒香，放入鸭肠。
4. 调入调味料，炒至入味即成。

小炒鸭肠

制作时间 14分钟

材料 鸭肠300克，青椒30克，红椒15克，芹菜100克

调料 辣椒油、料酒、酱油、盐、醋、味精各5克

做法

1. 鸭肠洗净，切长段，入开水氽烫后沥水。
2. 青椒、红椒洗净，切段。
3. 芹菜洗净，切段。
4. 辣椒油烧热，下入鸭肠翻炒，烹入料酒炒香，然后加入青椒、红椒、芹菜炒至断生。
5. 加入调味料炒至入味，起锅即可。

鹅肉

◆**营养价值**：富含蛋白质、B族维生素、尼克酸、磷、钾、钠、铁、锌、硒等营养物质。

◆**食疗功效**：暖胃生津、和胃止渴、止咳化痰、解铅毒、祛风湿、防衰老。

选购窍门

◎应选择肉质饱满光滑、有弹性、表皮干燥的鹅肉。

储存之道

◎应放入冰箱冷藏并尽快食用。

烹调妙招

◎切鹅肉时逆着纹路切，可使鹅肉易熟烂。

泰式炒鹅肉

制作时间 14分钟

材料 黑棕鹅600克，金不换15克，香茅10克

调料 盐10克，蚝油30克，糖20克，鸡精10克

做法

1. 鹅肉洗净切成日字件。
2. 金不换、香茅洗净切段。
3. 锅中放适量油烧热，放入金不换、香茅爆香，倒入鹅肉炒匀。
4. 再调入所有调味料。
5. 慢火炒至鹅肉熟烂干香即可。

鹅肝炒蚝豉

制作时间 12分钟

材料 菠菜500克，鹅肝150克，蚝豉150克

调料 盐10克，鸡精10克，味精1克，淀粉100克

做法

1. 菠菜洗净，去叶留梗切段。
2. 鹅肝洗净切粒，蚝豉洗净，切粒。
3. 锅上火，油烧热，放入菠菜、鹅肝、蚝豉用猛火爆香，炒干。
4. 调入调味料炒匀入味。
5. 用淀粉勾芡上碟即可。

鸡蛋

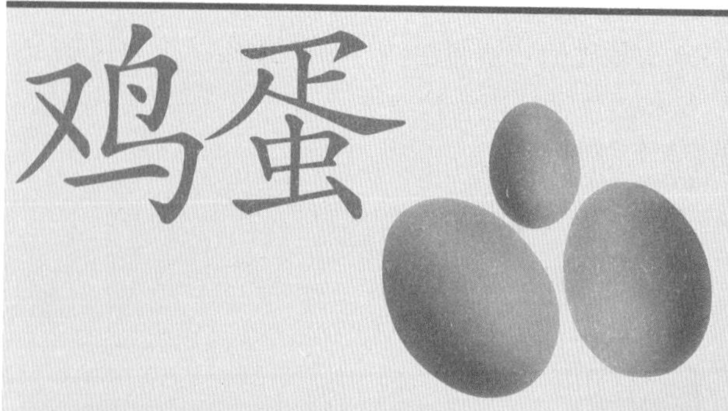

◆**营养价值**：含有大量的蛋白质、维生素A、B族维生素、维生素E、钙、磷、钾、钠、镁、铁、锌、硒等营养物质。

◆**食疗功效**：滋阴养血、益精补气、清热解毒、健脑益智、保护肝脏、预防癌症、护肤美容、延缓衰老、防治动脉硬化。

选购窍门

◎应选择日光透射下颜色微红、呈半透明状、蛋黄轮廓清晰，蛋壳上附着有一层霜状粉末，手摸有粗糙感，轻摇无声的鲜鸡蛋。

储存之道

◎应放入冰箱冷藏。

烹调妙招

◎炒鸡蛋时，加少许酒，炒出来的鸡蛋味鲜松软，且光泽鲜艳。蒸鸡蛋羹时先在碗内抹些熟油，然后再将鸡蛋磕入碗内打匀，加水、盐，蒸出来的鸡蛋羹就不粘碗了。

牛奶炒蛋清

制作时间 10分钟

材料 鲜牛奶150克，鸡蛋清200克，熟火腿末5克

调料 盐5克，味精3克，淀粉2克

做法

1. 将鲜牛奶倒入碗内，加入鸡蛋清、盐、味精、淀粉，用筷子搅拌匀。
2. 净锅上火，用油滑锅，倒牛奶蛋清入锅拌炒，炒至断生。
3. 出锅装碟，撒火腿末围边即可。

臊子蛋

制作时间 18分钟

材料 鸡蛋4个，肉末100克，水发木耳、榨菜末各50克

调料 盐、葱花、玉米粉各适量

做法

1. 鸡蛋打散，加盐、玉米粉搅匀。
2. 肉末、木耳末、榨菜末各取一半，与蛋糊混合均匀。
3. 蛋糊入油锅煎至金色装盘，划成小块；炒散肉末，放木耳、榨菜、葱花，加盐调味，盛起放在煎蛋上即可。

小南瓜炒鸡蛋

制作时间 3分钟

材料 小南瓜350克，鸡蛋2个

调料 食用油30毫升，盐3克，鸡粉3克，水淀粉少许

食材处理

①将洗净的小南瓜切成丝。

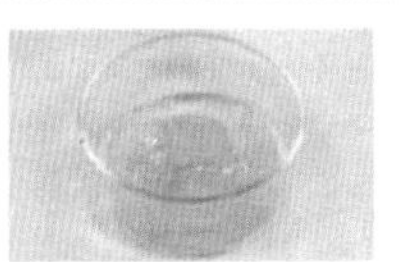

②鸡蛋打入碗中，加入少许盐。

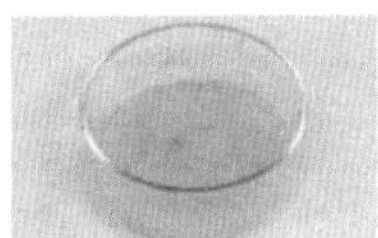

③打散调匀。

制作指导 在打好的鸡蛋里放入少量清水，待搅拌后放入锅里，鸡蛋就不容易粘锅了。

制作步骤

①热锅注油，烧至五成热，倒入蛋液，翻炒片刻。

②起锅盛碗中备用。

③锅中加入少许油，倒入小南瓜丝翻炒约1分钟。

④加入盐、鸡粉。

⑤倒入鸡蛋翻炒片刻。

⑥加入少许水淀粉勾芡。

⑦盛入盘内。

⑧装好盘食用即可。

木耳炒蛋

制作时间 12分钟

材料 鸡蛋1个，湿木耳5克

调料 盐、酱油各少许

做法

1. 将木耳洗净，切好。
2. 鸡蛋打散备用。
3. 将油平均分布于锅中，开中火，待锅热后入木耳稍炒，再加入蛋拌炒至熟。
4. 最后加入盐、酱油调味即可。

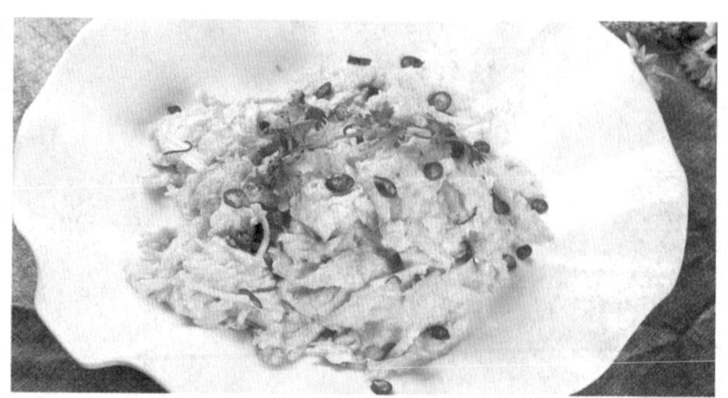

韭黄炒鸡蛋

制作时间 13分钟

材料 韭黄50克，鸡蛋3只

调料 盐3克，味精2克，鸡精少许

做法

1. 将韭黄洗净切成段；鸡蛋打入碗中，搅匀，放入盐、鸡精搅拌均匀。
2. 锅中放入油，大火烧热后，转至中火，倒入鸡蛋，炒至凝固。
3. 将韭黄倒入锅中，与鸡蛋拌炒，待韭黄变软后，放入少许味精，装盘即可。

酸菜木耳鸡蛋

制作时间 15分钟

材料 火腿50克，鸡蛋3个，木耳10克，酸菜15克，姜5克，葱2棵

调料 盐2克，味精1克，鸡精1克，香油5克

做法

1. 火腿切角；木耳泡发切角；酸菜洗净切角；葱洗净切花，姜去皮洗净切末。
2. 鸡蛋打入碗里，调入盐、味精搅拌均匀，倒入油已烧热的煎锅里，煎熟取出，切成角状。
3. 锅上火，注入油烧热，爆香姜末、葱末，倒入火腿、木耳、酸菜炒香，加入蛋角，调入少许盐、味精、香油炒匀，出锅装盘即可。

缤纷青豆炒蛋

制作时间 18分钟

材料 青豆、鸡蛋、胡萝卜、鱿鱼、猪瘦肉各适量

调料 盐2克，鸡精1克

做法

1. 胡萝卜洗净去皮切丁；青豆洗净；猪肉洗净剁末。
2. 鸡蛋打散；鱿鱼洗净，切丁。
3. 锅中水煮沸，入调味料，下猪肉、鱿鱼、青豆，熟后捞出沥干水分。
4. 油烧热，下蛋液，炒熟，盛出。
5. 油烧热，入所有原材料、调味料炒匀即可。

五彩炒蛋丝

制作时间 17分钟

材料 西芹100克，胡萝卜100克，鸡蛋2个，青椒1个，彩椒1个，葱1棵

调料 盐2克，鸡精1克，糖3克

做法

1. 胡萝卜去皮去蒂切细丝；西芹、彩椒、青椒去蒂洗净切丝；葱去皮洗净切丝备用；鸡蛋打入碗内，调入盐、鸡精，拌匀备用。
2. 锅上火，放适量水，调入少许盐、鸡精、糖，煮沸，放入切好的原材料，焯一下捞出，沥干水分。
3. 锅上火，油烧热，倒入蛋液，煎成蛋皮，取出，切细片，净锅上火，油烧至三成热，爆香葱丝，下各种备好的原材料，调入少许盐、鸡精，炒匀即可出锅。

柴鸡蛋炒鱼子

制作时间 6分钟

材料 柴鸡蛋3个，鱼子适量

调料 盐5克，红椒、葱各10克

做法

1. 将柴鸡蛋打入碗中，打匀；鱼子洗净；红椒、葱洗净，切碎。
2. 锅中倒油烧热，放入红椒末、葱末炒香。
3. 倒入鱼子炒片刻，再倒入蛋液，调入盐，炒熟即可。

蛋白炒海鲜

制作时间 18分钟

材料 鸡蛋、蟹柳、鱿鱼、菜心、花甲肉各50克

调料 姜3克，蒜3克，盐2克，鸡精2克

做法

1. 菜心洗净切粒；鱿鱼洗净切花；蟹柳洗净切粒；姜、蒜去皮切末；花甲肉洗净备用。
2. 锅中放水煮沸，调入盐、鸡精、姜，放菜心、鱿鱼、蟹柳和花甲肉汆烫，捞出。
3. 取蛋清，炸熟，捞出，另起锅，放油，爆香姜末、蒜蓉，倒入各种原材料，炒匀，即可。

百合炒蛋角

制作时间 15分钟

材料 西芹50克，鸡蛋5克，百合30克

调料 盐3克，鸡精2克，姜末、蒜蓉各5克

做法

1. 鸡蛋打入碗内，调入盐、鸡精，搅拌均匀，倒入油锅中，煎至两面呈金黄色，熟香后盛出。
2. 西芹、百合洗净切片，煎蛋切角形状备用。
3. 油烧热，爆香姜末、蒜蓉，倒入西芹、百合略炒，加入蛋角，调入盐，炒匀即可。

蛋丝银芽

制作时间 20分钟

材料 鸡蛋3个，豆芽300克，红辣椒1个，葱2根

调料 盐5克，胡椒粉5克，鸡精3克，香油6克

做法

1. 将鸡蛋打散，加少许盐；红辣椒洗净，切丝；葱洗净切花；豆芽洗净，备用。
2. 油烧热，入鸡蛋汁，摊成蛋饼，煎至金黄色后，盛起，切成鸡蛋丝。
3. 留底油，下入豆芽和红椒丝，炒熟后，调入盐、鸡精、胡椒粉和香油，起锅，盛入盘中，盖好鸡蛋丝，撒上葱花，即可。

虾仁炒蛋

制作时间 20分钟

材料 河虾100克，鸡蛋5个，春菜少许

调料 盐2克，鸡精2克，淀粉10克

做法

1. 河虾治净取虾仁，调入少许淀粉、盐、鸡精码味；春菜去叶留茎切细片。
2. 鸡蛋打散，调入盐、鸡精，搅拌均匀。
3. 油烧热，倒入蛋液，稍煎片刻，放入春菜、虾仁，略炒至熟，出锅即可。

蛋白炒苦瓜

制作时间 15分钟

材料 苦瓜500克，鸡蛋5个

调料 盐2克，鸡精1克，糖3克

做法

1. 苦瓜洗净，切片；蛋白留用，调入少许盐，拌匀备用。
2. 水烧沸，放盐、鸡精、油、糖，下苦瓜片，焯熟，捞出沥干水分。
3. 油烧热，放蛋清，翻炒至熟盛出，油烧热，下苦瓜、蛋白，拌匀，即可。

四季豆炒鸡蛋

制作时间 13分钟

材料 四季豆200克，鸡蛋4个，红辣椒1个

调料 盐5克，味精3克，香油5克

做法

1. 四季豆、红辣椒洗净切菱形块。
2. 鸡蛋打散。
3. 水烧开，放入四季豆，汆烫至熟后，捞起。
4. 油烧热，将打好的鸡蛋汁入锅中，炒成鸡蛋花。
5. 再下入四季豆和红辣椒。
6. 调入盐、味精、香油，炒匀，即可。

尖椒豆豉炒蛋

制作时间 15分钟

材料 豆豉、鸡蛋、青、红椒各30克

调料 盐3克，鸡精2克，姜5克，蒜3克

做法

1. 青、红椒洗净切菱形片。
2. 姜、蒜洗净切末。
3. 鸡蛋打入碗内，调入盐、鸡精拌匀，倒入油已烧热的锅中，翻炒至熟，捞出。
4. 锅内烧油，放入辣椒片、豆豉、姜末、蒜蓉爆香后，倒入炒蛋。
5. 调入少许盐、鸡精翻炒均匀，即可出锅。

虾皮青椒鸡蛋

制作时间 15分钟

材料 鸡蛋3个，青椒片150克，虾皮30克

调料 盐、鸡汤、酱油、淀粉各适量

做法

1. 鸡蛋打入碗内，加入虾皮和少许盐搅拌成调味蛋液。
2. 鸡汤、酱油、淀粉放入碗中，调匀成味汁。
3. 油烧热，放入蛋液炒熟，倒入盘中待用。
4. 油锅复置火上，下入青椒片炒熟，再倒入待用的鸡蛋。
5. 烹入味汁，翻炒均匀即可。

辣味香蛋

制作时间 22分钟

材料 鸡蛋4个，清水笋120克，水发黑木耳25克

调料 料酒、白糖、盐、干红椒、姜、葱白各适量

做法

1. 清水笋、水发黑木耳、干红椒、姜和葱白洗净，切丝。
2. 鸡蛋打散，加盐搅匀。
3. 炒鸡蛋液至两面透黄，装盘。
4. 煸炒切丝材料，用盐、白糖、料酒调味，再下鸡蛋略炒即可。

贡菜炒蛋柳

制作时间 15分钟

材料 贡菜100克，鸡蛋3个，彩椒半个，红椒1个，葱2棵

调料 盐2克，鸡精1克，香油3克，糖5克

做法

1. 鸡蛋打入碗内调入盐、鸡精拌匀备用。
2. 上火，注入清水适量，调入少许盐、糖，水沸下贡菜，焯熟，捞出沥干水分；锅上火，油烧热倒入调好的鸡蛋液，煎成鸡蛋皮。
3. 取出，切成条，锅内留油少许，下焯熟的贡菜、椒片，翻炒几下，加入蛋皮，调入盐、鸡精、香油炒匀即可。

西班牙奄列

制作时间 23分钟

材料 烟肉、西红柿、白菌、洋葱、鸡蛋各适量

调料 黄汁3克，茄汁8克，盐3克，糖2克，胡椒粉3克，淡花奶15克，青椒30克

做法

1. 青椒、洋葱、西红柿、白菌洗净切丝。
2. 油烧热，将洋葱、青椒、烟肉、西红柿、白菌炒香，调入黄汁成稠酱状。
3. 加入调味料炒匀；将蛋打散煎成蛋饼，放入已炒好的原材料包起即可。

辣椒粉炒蛋

制作时间 12分钟

材料 鸡蛋3个，辣椒粉20克

调料 葱1根，盐5克，味精1克

做法

1. 鸡蛋打入碗中，用打蛋器搅散备用；葱洗净，切碎。
2. 锅置火上，加油烧热，下入鸡蛋炒至成碎粒，加入辣椒粉炒匀。
3. 加入葱、盐、味精调味即可。

玉米炒蛋

制作时间 17分钟

材料 玉米粒150克，鸡蛋、火腿、青豆、胡萝卜各适量

调料 盐3克，水淀粉4克，葱花5克

做法

1. 所有原材料治净；胡萝卜切粒。
2. 鸡蛋入碗中打散，加入盐和水淀粉调匀；火腿片切丁。
3. 热油，倒入蛋液炒熟。
4. 锅内再放玉米粒、胡萝卜粒、青豆和火腿粒，炒香时再放入鸡蛋块。
5. 加盐调味，炒匀盛出时撒入葱花即可。

蛋白炒玉米

材料 熟鸡蛋白200克，玉米粒、豌豆、枸杞各少许

调料 姜、酱油、白醋、胡椒粉、水淀粉、盐各适量

做法

1. 将鸡蛋白切成小丁。
2. 玉米粒焯水。
3. 姜洗净切末，待用。
4. 锅中放油烧热，炒香姜末。
5. 再加入蛋白丁、玉米粒、熟豌豆、枸杞和调味料，炒匀即可。

胡萝卜炒蛋

制作时间 12分钟

材料 鸡蛋2个，胡萝卜100克

调料 盐5克，香油20克

做法

1. 胡萝卜洗净，削皮切末。
2. 鸡蛋打散备用。
3. 香油入锅烧热后，放入胡萝卜末炒约1分钟。
4. 加入蛋液，炒至半凝固时转小火炒熟，加盐调味即可。

剁椒炒鸡蛋

制作时间 8分钟

材料 鸡蛋200克，剁椒50克

调料 盐3克，香油、葱各10克

做法

1. 鸡蛋磕入碗中，加盐搅拌均匀；葱洗净，切成葱花。
2. 油锅烧热，倒入鸡蛋炒散，再放入剁椒同炒片刻。
3. 撒上葱花，淋入香油即可。

辣椒金钱蛋

制作时间 20分钟

材料 鸡蛋3个，辣椒2个，葱5克

调料 盐3克

做法

1. 鸡蛋煮熟去壳，切圈，备用；辣椒洗净切成指甲片状。
2. 炒锅置火上，倒入适量油，烧热，下入鸡蛋圈，炸至金黄。
3. 下入辣椒、葱、盐，与蛋一起翻炒至熟即可。

金沙玉米

制作时间 25分钟

材料 鲜玉米粒100克，咸蛋黄2个

调料 盐2克，味精1克，豆粉50克，淀粉50克

做法

1. 鲜玉米粒洗净，沥干水分后拌上豆粉和淀粉。
2. 炒锅置火上，倒入适量油，烧热，放入玉米粒，炸至金黄色捞出。
3. 锅内留油，入咸蛋黄炒至翻沙，放入炸好的玉米粒。
4. 加入少许盐、味精炒匀即可。

第6部分

鲜美水产小炒

鱼、虾、蟹、贝，是人们日常入馔佐餐的主要水产食品。这些食品含有丰富的蛋白质和多种微量元素，与肉类相比，对人体健康的作用更为显著。烹调水产的关键在于带出其鲜味，要做出好吃的水产小炒，调味和火候的控制都相当重要。我们在这里将教大家制作各种水产小炒，享受江河湖泊孕育的清鲜美味。

草鱼

◆**营养价值**：富含蛋白质、维生素E、钙、磷、钾、镁、硒等营养物质。

◆**食疗功效**：暖胃平肝、通经活络、明目、补虚、增强体质、延缓衰老、预防乳腺癌、促进血液循环、治疗疟疾。

选购窍门

◎应选择游在水的下层、呼吸时鳃盖起伏均匀、鱼眼饱满凸出、眼角膜透明清亮的草鱼。

储存之道

◎将其处理干净后应放入冰箱冷冻并尽快食用。

烹调妙招

◎草鱼肉质细，纤维短，极易破碎，切鱼时应将鱼皮朝下，刀口斜入，顺着鱼刺切。草鱼的表皮有一层黏液，非常滑，将鱼放在盐水中浸泡一会儿再切，就不会打滑了。

湖南小炒鱼

制作时间 20分钟

材料 草鱼1条，姜片、蒜末各5克，干椒3克

调料 盐3克，糖6克，老抽5克，醋7克，料酒5克

做法

1. 草鱼宰杀治净，切条，用老抽、糖、醋腌渍。
2. 将鱼条滑散，锅留底油，姜蒜、干椒炝锅，下入鱼条煸炒。
3. 烹入料酒、少许水调味。
4. 旋动炒锅，加入盐炒至入味即可。

秘制香辣鱼

制作时间 25分钟

材料 草鱼1条，豆豉20克，红尖椒块80克

调料 盐、料酒、豆瓣酱、湿淀粉、葱花、蒜末各适量

做法

1. 将草鱼治净，切两半，加盐、料酒、湿淀粉腌渍，再放入沸水中氽烫，再捞出。
2. 油烧热，草鱼用小火煎至鱼身变硬变干。
3. 留油，放入辣椒块、豆豉、豆瓣酱、蒜末煸香，倒在鱼上。
4. 撒上葱花即成。

荷兰豆炒鱼片

制作时间 15分钟

材料 草鱼中段200克，荷兰豆200克，姜10克

调料 盐5克

做法

1. 草鱼治净，切成片状待用。
2. 姜去皮切片。
3. 荷兰豆择去头尾筋，洗净，入沸水中焯烫，捞出沥水备用。
4. 锅上火，加油烧热，下入鱼片炒熟，再加入荷兰豆及姜片炒匀。
5. 加入调味料调味即可。

炒三丁

制作时间 15分钟

材料 草鱼肉20克，玉米粒250克

调料 盐、红椒、鸡精、胡椒粉、水淀粉各适量

做法

1. 草鱼肉洗净切成玉米大小的丁。
2. 红椒洗净切成类似大小的丁。
3. 玉米粒洗净。
4. 起油锅，将草鱼肉倒入，加盐翻炒，再倒入玉米粒和红椒丁，翻炒至熟。
5. 加入鸡精和胡椒粉，加水淀粉勾芡即成。

水豆豉爆鲜鱼

制作时间 20分钟

材料 草鱼肉500克，水豆豉50克，上海青200克

调料 盐、黄椒、青椒、料酒、姜、蒜各适量

做法

1. 姜、蒜洗净，切片；草鱼肉洗净切成片，用盐、料酒、姜蒜片腌渍。
2. 黄椒、青椒洗净切末。
3. 上海青洗净，焯水。
4. 油烧热，将鱼片滑入锅，快速熘炒，取出。
5. 再放油，爆香蒜片、水豆豉、辣椒末，加入料酒烧开，淋在鱼片上即成。

鲫鱼

◆**营养价值**：富含蛋白质、维生素A、维生素E、钙、磷、钾、镁、锌、硒等营养物质。

◆**食疗功效**：健脾利湿、滋阴补虚、清热解毒、活血通乳、治疗风湿病。

选购窍门

◎应选择身体扁平、颜色偏白，鱼眼凸出、眼球黑白分明的鲫鱼。

储存之道

◎将其处理干净后应放入冰箱冷冻并尽快食用。

烹调妙招

◎将鲫鱼去鳞、剖腹、洗净后，放入黄酒或牛奶中浸泡一会儿，既可除腥，又能增加鲜味。煮鲫鱼汤时可先将鱼用油煎一下，这样可使煮出来的汤呈乳白色，味道也更鲜美。煎鲫鱼时，在鱼身上抹一些干淀粉，既可以保持鱼体完整，又能防止鱼被煎糊。

小炒鱼丁

制作时间 18分钟

材料 鲫鱼肉、豌豆、玉米、红椒丁、荷兰豆各适量

调料 盐5克，料酒10克，水淀粉15克

做法

1. 鲫鱼肉洗净切丁；豌豆、玉米、荷兰豆洗净后，焯水备用。
2. 油锅烧热，加鱼丁、盐、料酒滑熟后，放玉米、豌豆翻炒。
3. 再入红椒、荷兰豆，翻炒均匀，熟时，以水淀粉勾芡即可。

鱼虾争艳

制作时间 12分钟

材料 鲫鱼肉、虾肉、玉米各150克，红椒、青豆各50克

调料 盐、胡椒粉、鸡精、蚝油各适量

做法

1. 鲫鱼肉洗净切丁；玉米、青豆洗净备用；红椒洗净切丁；虾肉洗净。
2. 油烧热，倒入鲫鱼肉丁、虾肉翻炒，备用。
3. 原锅留油，爆香红椒，加入玉米和青豆，放盐和胡椒粉，炒2分钟。
4. 将炒好的虾仁、鲫鱼肉倒入，调入鸡精、蚝油即成。

鲜百合嫩鱼丁

制作时间 15分钟

材料 鲫鱼肉400克，百合、银杏、西芹各适量

调料 盐3克，醋8克，料酒12克，红椒少许

做法

1. 鲫鱼肉洗净，切丁。
2. 百合洗净。
3. 银杏去壳，洗净。
4. 西芹洗净，切块；红椒洗净，切片。
5. 锅内注水烧沸后，分别放入百合、银杏、西芹、红椒、鱼丁煮熟后，捞起沥干装盘。
6. 再向盘中加入盐、醋、料酒拌匀，即可食用。

四方炒鱼丁

制作时间 16分钟

材料 红腰豆、白果各200克，鲫鱼肉、豌豆各300克

调料 蒜瓣15克，盐3克

做法

1. 鲫鱼肉洗净，切成丁。
2. 红腰豆、白果、豌豆洗净，入沸水锅焯烫后捞出。
3. 锅倒油烧热，倒入鲫鱼肉过油后捞出沥干。
4. 另起油锅烧热，倒入豌豆、红腰豆、白果、蒜瓣翻炒。
5. 鲫鱼肉回锅继续翻炒至熟。
6. 加入盐炒匀，起锅即可。

酸豆角煸鲫鱼

制作时间 15分钟

材料 酸豆角300克，鲫鱼350克

调料 红椒15克，料酒10克，盐3克

做法

1. 鲫鱼治净，切成块。
2. 酸豆角洗净，切碎。
3. 红椒去蒂，洗净，切碎。
4. 油烧热，放入鲫鱼炸至酥脆，捞出控油。
5. 油烧热，下入红椒粒、酸豆角炒香，入鲫鱼块煸炒。
6. 加入调味料炒匀，出锅即可。

鳕鱼

◆**营养价值**：富含蛋白质、维生素A、钙、磷、钾、镁、锌、硒等营养物质。

◆**食疗功效**：活血化淤、止痛、通便、杀菌。

选购窍门

◎应选择肉色洁白、肉面上无特别明显的红线、鱼鳞排列紧密的鳕鱼。

储存之道

◎将盐撒在鳕鱼上，用保鲜膜包起来，放入冰箱冷冻保存。

烹调妙招

◎油炸鳕鱼时，想要辨别鳕鱼是否炸熟，可用筷子轻插鱼身，如果筷子拔出时粘带鱼肉，说明未熟，反之表示已熟。

红豆鳕鱼

制作时间 12分钟

材料 红豆50克，鳕鱼150克，鸡蛋1个

调料 料酒50克，盐3克，淀粉10克，香油少许

做法

1. 鳕鱼取肉洗净切成小丁，加盐、料酒拌匀，用蛋清、淀粉上浆。
2. 锅注水，倒入红豆煮沸；油烧热，入鳕鱼滑炒至熟盛出。
3. 锅中再入水、盐，倒入鱼丁和红豆。
4. 用淀粉勾芡，炒匀，淋少许香油即可。

蛋白鱼丁

制作时间 15分钟

材料 鳕鱼200克，鸡蛋清、葱、姜各10克

调料 盐5克，料酒10克，淀粉15克，香油8克

做法

1. 鱼肉洗净切丁；部分鸡蛋清加盐、淀粉调成糊，放入鱼丁拌匀。
2. 葱、姜洗净切末，其余蛋清加盐打成泡沫状备用。
3. 油烧热，放入鱼丁滑散，盛出拌入蛋清中。
4. 油烧热，爆香葱、姜，再入鱼丁煎至浅黄色，调入盐、料酒炒匀。
5. 淋入香油盛出即可。

五彩鱼丝

制作时间 5分钟

材料 彩椒60克，韭菜40克，胡萝卜80克，水发木耳50克，鳕鱼肉200克，水发桂林米粉30克，姜丝、蒜末各少许

调料 盐、味精、蛋清、料酒、水淀粉各适量

食材处理

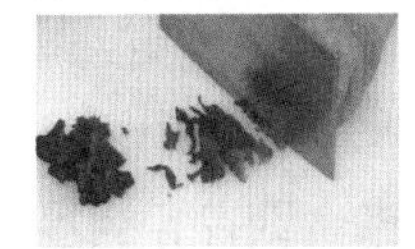

①将洗净的木耳切丝。

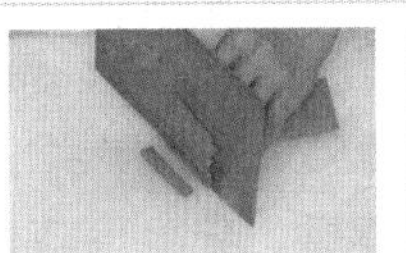

②洗好的胡萝卜切丝。

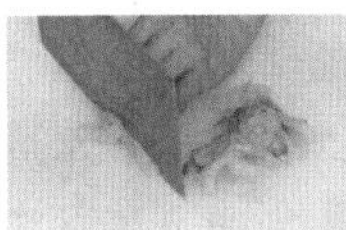

③去皮洗净的鳕鱼去腩骨，切成薄片，再切成丝。

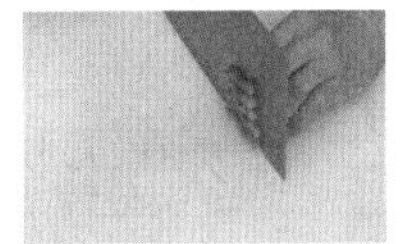

④红彩椒切成丝。

⑤黄彩椒切成丝。

⑥韭菜切段。

⑦鱼肉丝加盐、味精、蛋清、水淀粉拌匀，淋入少许食用油腌渍10分钟。

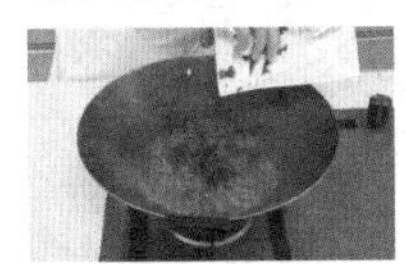

⑧锅中加清水烧热，倒入食用油，加入盐烧开，倒入胡萝卜、木耳、米粉、红彩椒和黄彩椒煮沸。

⑨全部材料煮熟后捞出。

制作指导 鱼肉在腌渍的时候，还可以加入少许胡椒粉和白酒，这样能更好地去腥提鲜。

制作步骤

①热锅注油，烧至四成热，放入鱼肉丝。

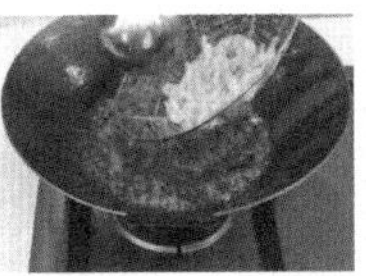

②滑油片刻至断生捞出。

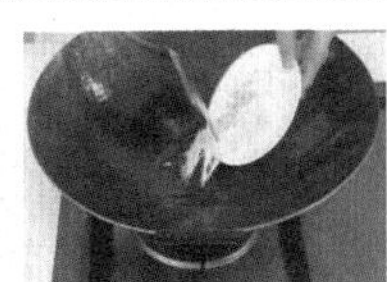

③锅底留油，放入蒜末、姜丝爆香。

④倒入焯水后的胡萝卜、木耳、米粉、红彩椒、黄彩椒炒匀。

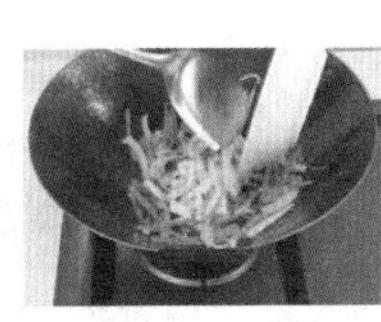

⑤倒入鱼肉丝。

⑥加盐、味精、料酒炒匀。

⑦加韭菜翻炒入味。

⑧加水淀粉勾芡。

⑨淋入熟油炒匀盛出。

青鱼

◆**营养价值**：富含蛋白质、维生素A、尼克酸、维生素E、钙、磷、钾、镁、硒等营养物质。

◆**食疗功效**：健脾养胃、养肝明目、利水、治疗疟疾、抗衰老、预防心血管疾病、预防癌症。

选购窍门

◎应选择个大，肉厚，鳃盖紧闭、不易打开，鳃片鲜红，鳃丝清晰，鱼眼球饱满凸出、角膜透明、眼面发亮，鱼体光滑干净、无病斑、无鱼鳞脱落的青鱼。

储存之道

◎将其处理干净后应放入冰箱冷冻并尽快食用。

烹调妙招

◎青鱼的腹部有一层黑膜，有强烈的腥臭味，烹饪前要用刀刮去。冬季青鱼腹部会鼓起，剖鲜青鱼时应从腹部向尾鳍处切开；夏季相反，应从尾鳍处向腹部切开，这样可以避免弄破苦胆。

芹王熘青鱼

制作时间 16分钟

材料 青鱼肉300克，西芹、黄椒、红椒各50克

调料 盐、料酒、淀粉、蛋清、姜、蒜、蚝油各适量

做法

1. 青鱼肉洗净切条，用盐、料酒、蛋清、淀粉腌好。
2. 红椒、黄椒、西芹洗净切条；姜、蒜洗净切末。
3. 起油锅，先把鱼条滑熟捞出。
4. 余油下姜蒜末煸香，接着下辣椒条、西芹，翻炒入味。
5. 倒入滑好的鱼条，炒匀，加蚝油调味即成。

荷兰豆炒鱼片

制作时间 4分钟

材料 荷兰豆100克，青鱼肉200克，蛋清、红椒片、姜片、葱白各少许

调料 生粉、料酒、盐、味精、水淀粉各适量

做法

1. 锅底留油，倒入红椒片、姜片、葱白爆香。
2. 倒入荷兰豆，淋上料酒。
3. 加入盐，撒上味精翻炒至入味，加入鱼片。
4. 淋入水淀粉，翻炒片刻至熟后淋上熟油，盛入盘中即可。

鱼干

◆**营养价值**：富含蛋白质、维生素A、维生素E、钙、磷、钾、镁、铁、硒等营养物质。因含有亚硝酸盐，故不应多食。

◆**食疗功效**：开胃、补血、明目、强身健体。

选购窍门

◎应选择鱼肉紧实饱满、鱼刺少、鱼体完整、无异味的鱼干。

储存之道

◎应放入冰箱冷藏。

烹调妙招

◎烹制鱼干前，应先将其放入清水中浸泡3小时，加入少许食醋，以去除腥味。

湘味火焙鱼

制作时间 17分钟

材料 小鱼400克，蒜薹120克，红椒30克

调料 盐、辣椒粉、香油各适量

做法

1. 将小鱼治净，沥干水分。
2. 蒜薹洗净，切碎。
3. 红椒洗净，切圈。
4. 油烧热，将小鱼入七成油温中炸至酥软。
5. 锅中留油，放入红椒圈、蒜薹炒香，下入炸好的小鱼稍炒。
6. 加入调味料调味即可。

小鱼花生

制作时间 13分钟

材料 小鱼干300克，花生米100克

调料 葱、蒜、辣椒丁、盐各适量

做法

1. 小鱼干洗净，浸泡后沥干。
2. 蒜去皮剁碎。
3. 葱洗净切花。
4. 油烧热，放入小鱼干炸至酥，捞出沥油。
5. 留油，放入葱、蒜、辣椒丁炒香，再倒入小鱼干，调入盐炒匀。
6. 最后加入花生米即可。

鱿鱼

◆**营养价值**：含有蛋白质、维生素A、维生素E、钙、磷、钠、镁、锌、硒等营养物质。

◆**食疗功效**：滋阴养颜、降低胆固醇、健脑、排毒解毒、促进新陈代谢、抗疲劳、延缓衰老。

选购窍门

◎鲜鱿鱼应选择体形完整坚实、呈粉红色、有光泽、体表面略现白霜、肉肥厚、背部不红者；干鱿鱼以身干、坚实、肉肥厚、呈鲜艳的浅粉色、体表略现白霜者为上品。

储存之道

◎将鲜鱿鱼处理干净后用保鲜膜包好放入冰箱冷冻，干鱿鱼应放在通风、阴凉、干燥处保存。

烹调妙招

◎先将鲜鱿鱼在白醋水中浸泡10分钟，取出用刀在其背部中间划一个“十”字，一手捏住鱿鱼头，一手从十字处进行剥皮，可轻易剥除。

洋葱炒鱿鱼

制作时间 12分钟

材料 鱿鱼500克，洋葱1个，红辣椒2个

调料 郫县豆瓣酱10克，盐、白糖、五香粉各适量

做法

1. 鱿鱼治净，切段改刀。
2. 洋葱洗净，切丝。
3. 红辣椒去蒂和籽，洗净，切丝；豆瓣酱剁碎。
4. 锅置旺火上，加油烧热，放入红辣椒丝炒，下入郫县豆瓣酱炒香。
5. 再放入鱿鱼丝和洋葱丝一起炒熟。
6. 加盐、白糖、五香粉调味，炒匀即可。

辣炒鱿鱼

制作时间 15分钟

材料 鱿鱼500克，胡萝卜、姜片、蒜片、葱丝各10克

调料 韩式辣酱、海鲜酱各10克，盐3克

做法

1. 鱿鱼治净，横切成圈状，汆水后捞出；胡萝卜洗净，切丝。
2. 锅中加油烧热，下姜片、蒜片爆香，放入韩式辣酱炒香，倒入鱿鱼圈翻炒。
3. 再加入胡萝卜丝炒，并加入海鲜酱、盐调味，撒上葱丝。

双椒炒鲜鱿

制作时间 15分钟

材料 鱿鱼500克，青、红彩椒各100克，葱段15克

调料 盐1克，糖、生抽、淀粉各适量

做法

1. 将鲜鱿鱼切开洗净，切成小段，用开水焯一下。
2. 彩椒去蒂去籽分别洗净切块。
3. 再用水焯至三成熟，捞出沥水。
4. 烧锅下油，将葱段在锅中炒香，加入鲜鱿鱼、青椒块、红椒块，翻炒30秒。
5. 加入所有调味料翻炒匀，用淀粉勾芡即可。

松茸炒鲜鱿

制作时间 16分钟

材料 鱿鱼1条，松茸30克，红椒2个

调料 盐、酱油、料酒各5克，胡椒粉2克

做法

1. 鱿鱼洗净切麦穗花刀。
2. 松茸洗净，切片。
3. 红椒洗净切片。
4. 将鱿鱼、松茸入沸水中汆烫，捞出沥水。
5. 锅中油烧热，下入鱿鱼、松茸、红椒，烹入料酒。
6. 加入其他调味料炒熟即可。

泡萝卜炒鲜鱿

制作时间 25分钟

材料 鲜鱿400克，泡萝卜片、青红椒各适量

调料 蚝油5克，盐5克，鸡精2克，姜10克

做法

1. 鲜鱿治净切花状；姜去皮切片；青、红椒去籽去蒂洗净切片。
2. 锅上火，加入适量清水，烧沸，放入鱿鱼、萝卜片，煮约1分钟，捞出沥干水分。
3. 油烧热，入泡萝卜、辣椒片、鱿鱼同炒，加入蚝油、盐、鸡精炒匀至熟入味，即可出锅。

豉油鱿鱼筒

制作时间 18分钟

材料 鱿鱼筒250克，姜1块，葱2棵

调料 盐2克，酱油8克

做法

1. 鱿鱼筒洗净；姜洗净切末；葱洗净切丝。
2. 锅中倒入适量油烧热，放入鱿鱼筒稍炸，捞出。
3. 锅内留少许油，放入切好的姜末、葱丝爆香，再加入鱿鱼筒。
4. 调入酱油、盐一起炒匀至熟，即可。

苦瓜炒鲜鱿

制作时间 15分钟

材料 苦瓜、鲜鱿各200克，豆豉、红椒各20克

调料 盐、鸡精、白糖各3克

做法

1. 苦瓜去籽切圈，洗净；鲜鱿洗净切圈；红椒洗净切圈。
2. 锅放入水，加入盐、鸡精、糖，待水沸，放入切好的苦瓜焯烫；鱿鱼另过沸水，捞出。
3. 油烧热，爆香豆豉、倒入焯过的苦瓜、鱿鱼，加入红椒翻炒，调入盐、鸡精炒匀即可出锅。

辣爆鱿鱼丁

制作时间 16分钟

材料 鱿鱼1条，青、红椒各30克，干红椒10克

调料 盐5克，红油10克

做法

1. 将鱿鱼洗净，切成丁，入锅中滑散。
2. 青、红椒去籽洗净，切块；干红椒切段。
3. 锅中油烧热，爆香青、红椒和干红椒，放入鱿鱼丁炒匀，加盐、红油炒匀入味即可。

豉椒炒鲜鱿

制作时间 18分钟

材料 鲜鱿鱼500克，青红椒块、豆豉各适量

调料 盐、糖、生抽、淀粉各3克

做法

1. 将鲜鱿鱼切开洗净，打上十字花刀，然后切成小块，用开水汆一下；青、红椒块用水烫至三成熟后捞起。
2. 烧锅下油，入鲜鱿鱼、青红椒块翻炒。将调味料和豆豉入锅炒匀，用淀粉勾薄芡即可。

墨鱼

◆**营养价值**：富含丰富的蛋白质、维生素 A、B 族维生素、核黄素、钙、磷、铁等营养物质。

◆**食疗功效**：健脾利水、养血安胎、催乳、温经通络、调经止血、美肤乌发、防止动脉硬化、防止骨质疏松、缓解倦怠乏力、减肥塑身。

选购窍门

◎应选择色泽鲜亮洁白、无异味、无黏液、肉质富有弹性、体形完整、平展宽厚的鲜乌贼。挑选干乌贼时，应选择鱼身干燥柔软、无腥臭味者。

储存之道

◎将乌贼处理干净，用保鲜膜包好放入冰箱，冷藏可保存 3 天左右，冷冻可保存 3 个月左右。

烹调妙招

◎乌贼体内含有许多墨汁，不易洗净，可先撕去表皮，拉掉灰骨，将乌贼放在水盆中拉出内脏，挖掉眼珠，使其流尽墨汁，然后多换几次清水将内外洗净即可。

南瓜墨鱼丝

制作时间 12分钟

材料 墨鱼、嫩南瓜各200克，姜丝、红椒 5 克

调料 绍酒10克，盐5克，鸡精2克，淀粉少许

做法

1. 将墨鱼洗净，切丝。
2. 南瓜去皮，切丝。
3. 红椒洗净切丝待用。
4. 炒锅置火上，下油烧热，放入姜丝、红椒丝炒香。
5. 加入墨鱼丝、南瓜丝炒熟，调入调味料炒入味，勾芡出锅装盘即可。

荷兰豆炒墨鱼

制作时间 15分钟

材料 百合、荷兰豆各100克，墨鱼150克

调料 鸡精、白糖各5克，盐2克，淀粉10克，蒜片、姜片、葱白段各15克

做法

1. 百合洗净，掰成片。
2. 荷兰豆洗净。
3. 墨鱼治净，切片备用。
4. 烧锅下油，放入姜、蒜、葱炒香，加入百合、荷兰豆、墨鱼片一起翻炒。
5. 入其余调味料炒匀，再用淀粉勾芡即可。

墨鱼炒鸡片

制作时间 18分钟

材料 墨鱼、鸡脯肉各250克，西芹、胡萝卜各30克

调料 盐5克，干辣椒丝10克，料酒15克

做法

1. 墨鱼治净，切片。
2. 鸡脯肉洗净，切片。
3. 西芹洗净，切段。
4. 胡萝卜洗净，切花片备用。
5. 油锅烧热，放墨鱼片、鸡脯肉爆炒，加料酒、盐、干辣椒丝、西芹、胡萝卜炒匀即可。

酱爆墨鱼仔

制作时间 15分钟

材料 墨鱼仔350克，西芹50克，百合30克

调料 红椒、鲜贝露、辣椒酱、料酒各15克，盐3克

做法

1. 墨鱼仔洗净，氽水后沥干。
2. 西芹洗净，切段；百合洗净。
3. 红椒洗净切成小块。
4. 炒锅倒油烧热，放入辣椒酱翻炒至呈深红色，放入墨鱼仔爆炒。
5. 烹入料酒炒匀后，倒入鲜贝露。
6. 加入盐，倒入西芹、百合、红椒炒至入味即可。

黑椒墨鱼片

制作时间 12分钟

材料 净墨鱼肉250克，洋葱100克

调料 盐3克，黑椒10克，酱油适量，青椒、红椒各25克

做法

1. 将墨鱼肉、洋葱洗净，切片；青椒、红椒洗净，去籽，切片。
2. 锅中油烧热，放入洋葱、红椒、青椒炒香；再放入墨鱼。
3. 调入盐、黑椒、酱油，炒熟即可。

鲍鱼

◆**营养价值**：含有蛋白质、碳水化合物、维生素A、维生素E、钙、磷、钾、钠、镁、铁、锌、硒等多种营养物质。

◆**食疗功效**：调经止痛、利肠通便、滋阴养血、固肾益精、平肝明目、美容养颜、抗癌。

选购窍门

◎市场上出售的鲍鱼有紫鲍、明鲍、灰鲍三种干制品，其中紫鲍呈紫色，个体大，有光亮，质量好；明鲍色泽发黄，个体大，质量较好；灰鲍色泽灰黑，个体小，质量最次。

储存之道

◎鲜鲍鱼在盐水中可存活两天；死鲍鱼应尽快去壳并放入冰箱保存；干鲍鱼应在通风、阴凉处风干，密封存放于阴凉、干燥处或放入冰箱冷藏。

烹调妙招

◎鲜鲍鱼的处理：将刀片插入外壳与肉之间，至肉松出后，将刀片移去即可。

京式煎炒鲍鱼仔

制作时间 20分钟

材料 鲍鱼仔300克，蒜20克，葱白30克，红椒1个

调料 盐4克，鸡精2克

做法

1. 鲍鱼仔去壳，擦去底部黑色后，用盐、味精拌匀稍腌后，放入油锅中慢火泡熟。蒜去皮切片，炸至呈金黄色取出。
2. 红椒洗净切片；葱白洗净切段。
3. 炒锅上火，爆香蒜片、葱白、红椒，放入鲍鱼仔，调入盐、鸡精炒香。

荷兰豆腿菇炒东山鲍

制作时间 18分钟

材料 荷兰豆、鸡腿菇、红椒、鲍鱼各适量

调料 盐3克

做法

1. 鲍鱼取肉切成片，放入油锅慢火泡熟。
2. 荷兰豆择去头尾筋，鸡腿菇切片，红椒切成条，一起过沸水，捞出沥水备用。
3. 煸香红椒、荷兰豆、鸡腿菇，放入鲍鱼片，调入盐，炒香入味即成。

鳝鱼

◆**营养价值**：富含蛋白质、维生素A、维生素E、尼克酸、钙、磷、钾、钠、镁、铁、锌、硒等营养物质。

◆**食疗功效**：补气养血、滋补肝肾、强筋骨、明目、消炎解毒、降低胆固醇、预防心血管疾病。

选购窍门

◎应选择体型肥大、表皮柔软、颜色灰黄、肉质细致、闻之无臭味的鳝鱼。

储存之道

◎鳝鱼应在宰杀后即刻烹煮食用，不宜存放。

烹调妙招

◎将鳝鱼背朝下铺在砧板上，用刀背从头至尾用力拍打一遍，可使鳝鱼在烹调时受热均匀，更易入味。

富贵虾爆鳝

制作时间 18分钟

材料 大黄鳝500克，青红尖椒、大虾仁各5个

调料 李派林辣酱、麻油、蚝油、糖、淀粉各适量

做法

1. 将黄鳝洗净，切片。
2. 虾仁洗净切粒。
3. 青、红椒洗净切丁。
4. 将黄鳝拍粉，炸至表皮脆硬；虾仁加淀粉、水上浆后入油锅滑熟。
5. 将黄鳝、虾仁、青红椒一起下油锅炒熟，调入其他调味料炒匀。

辣烩鳝丝

制作时间 40分钟

材料 鳝鱼300克，红椒、青椒各20克

调料 盐3克，蒜25克，葱15克，辣椒油适量

做法

1. 将鳝鱼治净，切丝；红椒、青椒、蒜、葱洗净，切碎。
2. 锅中油烧热，放入红椒、青椒、蒜、葱洗净，爆香。
3. 再入鳝鱼，调入盐、辣椒油炒熟，即可。

青椒炒鳝鱼

制作时间 4分钟

材料 净鳝鱼肉200克，青椒40克，洋葱丝、姜丝、蒜末、葱段各少许

调料 盐3克，味精2克，鸡粉、料酒、生粉、蚝油、辣椒油、料酒、水淀粉各适量

食材处理

1 锅中注水烧开，入鳝鱼肉氽烫片刻，取出。

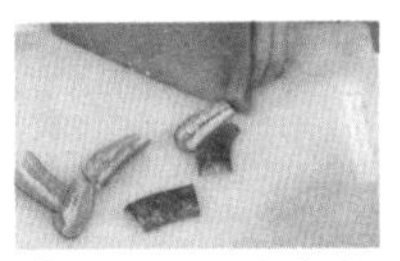

2 将洗好的青椒切丝。

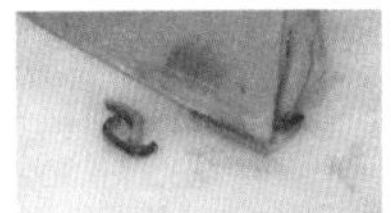

3 将鳝鱼切丝。

4 鳝鱼丝加盐、味精、料酒、生粉拌匀，腌渍。

5 锅注油烧热，倒入鳝鱼丝，炸约1分钟捞出。

制作指导 鳝鱼入开水锅中氽烫时，可适量加入料酒，以便有效去除鳝鱼的腥味；另外，鳝鱼浸烫到表皮稍有破裂、鳝体微有弯曲最为适宜，这样烹制好的鳝鱼鲜美脆嫩。

制作步骤

1 锅留底油，倒入洋葱、姜丝、蒜末、青椒丝炒香。

2 倒入鳝鱼丝。

3 加盐、味精、鸡粉、蚝油、辣椒油、料酒炒入味。

4 加水淀粉勾芡。

5 撒入葱段拌匀。

6 盛入盘内即可。

锅巴鳝鱼

制作时间 15分钟

材料 鳝鱼400克，锅巴100克，青椒、红椒各适量

调料 盐3克，酱油20克，料酒少许

做法

1. 鳝鱼治净，切段。
2. 将锅巴掰成块。
3. 青、红椒洗净，切片。
4. 锅内注油烧热，放入鳝鱼翻炒至将熟，加入锅巴、青椒、红椒翻炒匀。
5. 炒熟后，加入盐、酱油、料酒调味，起锅装盘即可。

酒城辣子鳝

制作时间 16分钟

材料 鳝鱼、熟花生米、熟芝麻、青红椒各适量

调料 盐、酱油、白醋、料酒、干红椒各适量

做法

1. 鳝鱼治净，切段，加盐、料酒腌渍。
2. 干红椒洗净，切段。
3. 青、红椒均洗净，切条。
4. 油锅烧热，入鳝段炸熟，放入干红椒、青椒、红椒煸炒出香味。
5. 加入熟花生米同炒片刻，调入盐、酱油、白醋炒匀，撒上熟芝麻即可。

芹菜炒鳝鱼

制作时间 15分钟

材料 芹菜200克，鳝鱼25克

调料 盐4克，葱、姜各适量

做法

1. 将芹菜洗净后切成小段。
2. 葱洗净切段；姜洗净切丝。
3. 将鳝鱼洗净切成片，用盐腌渍入味。
4. 锅上火加油烧热，爆香葱、姜后，下入鳝鱼爆炒。
5. 再加入芹菜段炒匀，调入盐即可。

迷路鳝丝

制作时间 18分钟

材料 鳝鱼500克，姜丝、葱蒜末、香菜各适量

调料 盐、豆瓣酱、胡椒粉、绍酒、酱油各适量

做法

1. 鳝鱼治净去骨，切成丝，加绍酒、盐拌匀待用；香菜洗净，切段。
2. 锅内放油，烧至六成热，放入鳝鱼丝煸炒片刻，加入豆瓣酱、姜丝、蒜末煸炒，油呈红色时，放入酱油、胡椒粉、葱花炒匀。
3. 装盘，撒上香菜即可。

宫灯鳝米

制作时间 20分钟

材料 鲜鳝肉200克，胡萝卜、青椒、冬笋各50克

调料 盐、料酒、葱末、高汤、蛋清、淀粉各适量

做法

1. 鳝鱼治净，切成米粒状，装入碗，加盐、料酒、蛋清、淀粉上浆。
2. 冬笋、青椒、胡萝卜洗净切成米粒状。
3. 油锅烧热，投入鳝米滑油至熟。
4. 锅留油煸香葱末，加高汤，下原材料炒熟，勾芡即可。

豉椒鳝鱼片

制作时间 18分钟

材料 鳝鱼肉500克，豆豉15克，青红辣椒片各50克

调料 酱油、淀粉、绍酒、盐、白糖、芡汤各适量

做法

1. 将鳝鱼治净，切片。
2. 将酱油、白糖、淀粉、芡汤调成芡汁。
3. 油烧热，下鳝片过油至刚熟，取出沥油。
4. 炒锅回放火上，入豆豉略爆，放入鳝片，烹绍酒，勾芡。
5. 随即放辣椒，淋油即成。

三色鳝丝

制作时间 20分钟

材料 鳝鱼400克，青笋50克，香菇、火腿各30克

调料 盐4克，姜丝、葱丝、香油各10克

做法

1. 鳝鱼治净，去骨取肉洗净切丝。
2. 青笋、香菇、火腿洗净，均切成丝备用。
3. 锅上火，炒香姜、葱丝，加入适量鲜汤。
4. 调入盐放入鳝丝及青笋丝、香菇丝、火腿丝炒入味。
5. 淋上香油即成。

香辣核桃炒鳝片

制作时间 15分钟

材料 鳝鱼300克，核桃100克，青椒、红椒各适量

调料 盐、蒜、料酒、白糖、胡椒粉各适量

做法

1. 鳝鱼治净，剔骨切片，用料酒、盐腌渍；青椒、红椒均洗净切片。
2. 起锅入油，放入蒜和核桃炒香，放青、红椒爆炒。
3. 放鳝鱼，烹入料酒、白糖、盐、加水焖煮，烧至收汁加胡椒粉，炒匀即可。

老干妈炒鳝片

制作时间 14分钟

材料 鳝鱼400克，红尖椒30克，芹菜段、高汤各适量

调料 老干妈10克，盐、姜丝、蒜末、料酒各适量

做法

1. 鳝鱼洗净切片，用盐、料酒腌渍约5分钟。
2. 起锅入油，将姜丝、蒜末倒入，煸出香味后入红尖椒并炒至半熟。
3. 加鳝鱼段，接着加入老干妈、料酒、芹菜段、高汤，爆炒2分钟，即可装盘。

香辣鳝丝

制作时间 15分钟

材料 鳝鱼300克，香菜200克，青红椒条各20克

调料 干辣椒、料酒、酱油、盐、糖、淀粉各适量

做法

1. 鳝鱼治净，切丝，加入料酒、盐、淀粉拌匀上浆备用。
2. 干辣椒洗净，切成段。
3. 油烧热，入鳝鱼丝划散，烹入料酒炒香，入干辣椒、青红椒条翻炒。
4. 加入香菜段翻炒。
5. 加入酱油、糖、味精，即可。

大碗酸辣芋粉鳝

制作时间 18分钟

材料 魔芋粉丝200克，鳝鱼250克，辣椒15克

调料 盐3克，酱油、红油、葱各15克

做法

1. 魔芋粉丝用水泡软；鳝鱼治净，切段；辣椒洗净，剁碎；葱洗净，切末。
2. 油锅烧热，下入辣椒爆香，放入鳝段，大火煸炒3分钟。
3. 放入魔芋粉丝，加水焖煮至熟，放盐、酱油、红油调味，撒上葱末，盛盘即可。

双椒马鞍鳝

制作时间 20分钟

材料 青椒、红椒各35克，鳝鱼300克

调料 盐3克，辣椒油、葱各10克

做法

1. 鳝鱼治净，切段。
2. 青椒、红椒洗净，切圈。
3. 葱洗净，切段。
4. 油烧热，下入鳝段，炸至皮缩肉翻，捞出，沥干油分。
5. 油烧热，入青椒、红椒爆香，放鳝段炒匀，入葱段、盐、辣椒油即可。

金针菇炒鳝丝

制作时间 20分钟

材料 金针菇100克，鳝鱼250克，红椒、葱各适量

调料 姜、蒜、绍酒、老抽各5克，米醋、盐各3克

做法

1. 鳝鱼洗净切丝。
2. 红椒洗净切丝。
3. 葱洗净切段。
4. 姜洗净切丝。
5. 金针菇焯水后入盘，鳝丝汆水过油。
6. 锅留底油，入姜、蒜煸香，再下绍酒、鳝丝、红椒丝、葱段一起炒。
7. 下入调味料炒匀，盖在金针菇上面即可。

茶树菇炒鳝丝

制作时间 15分钟

材料 干茶树菇150克，鳝鱼250克

调料 盐3克，红椒、青椒各15克

做法

1. 将茶树菇泡发，洗净，切段。
2. 鳝鱼治净，切丝。
3. 红椒洗净，去籽切丝。
4. 青椒洗净，切段。
5. 锅中倒油烧热，放入茶树菇、鳝丝、红椒、青椒，翻炒。
6. 调入盐，炒熟即可。

泡椒鳝鱼

制作时间 18分钟

材料 鳝鱼3条，泡红椒、指天椒各15克，蒜10克

调料 盐、辣椒油、胡椒粉各2克、豆瓣酱各15克

做法

1. 鳝鱼治净切段；泡红椒、指天椒洗净切粒；姜洗净切米；蒜去皮切蓉。
2. 水烧开，入盐和鳝鱼段焯烫至熟捞出。
3. 锅上火，油烧热，放入椒粒、蒜蓉、豆瓣酱炒香，加入鳝鱼段。
4. 调入盐、胡椒粉爆炒至熟，淋入辣椒油即可装盘。

蜀香烧鳝鱼

制作时间 16分钟

材料 鳝鱼400克，上海青200克，熟白芝麻少许

调料 盐3克，酱油10克，红油少许，葱适量

做法

1. 鳝鱼治净，切段。
2. 葱洗净，切花。
3. 上海青洗净，入沸水中焯过排入盘中。
4. 锅中注油烧热，放入鳝段炒至变色卷起，倒入酱油、红油炒匀。
5. 炒至熟后，加入盐调味，起锅置于盘中的上海青上。
6. 撒上熟白芝麻、葱花即可。

腊八豆香菜炒鳝鱼

制作时间 10分钟

材料 鳝鱼300克，腊八豆80克，香菜适量

调料 盐、辣椒酱、酱油、水淀粉各适量

做法

1. 将鳝鱼治净，切段。
2. 香菜洗净，切段。
3. 油锅烧热，入腊八豆稍炸一下，再放入鳝鱼同炒。
4. 加盐、辣椒酱、酱油调味。
5. 炒至快熟时，放入香菜略炒，再用水淀粉勾芡，装盘即可。

芹菜炒鳝片

制作时间 20分钟

材料 鳝鱼120克，芹菜80克，胡萝卜50克

调料 姜片、葱段、蒜蓉、盐、淀粉各适量

做法

1. 鳝鱼治净，切片汆水。
2. 芹菜洗净，切段，热水中焯烫，捞起。
3. 胡萝卜洗净切片。
4. 热油锅炒香姜片、蒜蓉及葱段，入鳝片炒至半熟。
5. 放胡萝卜片、芹菜炒熟，加盐调味，淀粉勾芡后略炒即成。

蒜香小炒鳝背丝

制作时间 22分钟

材料 鳝鱼250克，蒜薹200克，茶树菇100克

调料 红椒20克，盐、酱油、醋、水淀粉各适量

做法

1. 将鳝鱼治净，切丝；蒜薹、茶树菇洗净，切段；红椒去蒂洗净，切条。
2. 烧热油，放入鳝鱼翻炒，再入蒜薹、茶树菇、红椒同炒，加盐、酱油、醋炒至入味。
3. 待熟，用水淀粉勾芡，装盘即可。

双椒盘龙鳝

制作时间 20分钟

材料 鳝鱼350克，青辣椒、红辣椒各100克

调料 盐、糖、酱油、醋、料酒各5克，淀粉6克

做法

1. 鳝鱼治净，打花刀，切段，入开水汆烫后捞出；青、红辣椒洗净，切成小段。
2. 将酱油、盐、糖、醋、料酒、淀粉、适量水调成味汁。油烧热，入青、红辣椒爆香后，倒入鳝段翻炒，加入调味汁，待收汁起锅即可。

杭椒鳝片

制作时间 18分钟

材料 鳝鱼150克，杭椒80克，红椒15克

调料 生抽10克，盐3克，料酒8克

做法

1. 鳝鱼治净，切成片，入沸水中汆一下；杭椒洗净，切去头、尾；红椒洗净，切条。
2. 炒锅上火，注油烧至六成热，下入鳝鱼炒至表皮微变色，加入杭椒、红椒炒匀。
3. 再放盐、生抽、料酒，盛入盘中即可。

口味鳝片

制作时间 30分钟

材料 鳝鱼400克，蒜薹、红椒各100克

调料 豆豉10克，盐2克，酱油3克，干辣椒5克

做法

1. 鳝鱼洗净切片；蒜薹洗净切段；红椒洗净切圈；干辣椒洗净切段。
2. 锅中倒油加热，下入鳝鱼翻炒，加入蒜薹和红椒炒熟。
3. 倒入盐、酱油、豆豉和干辣椒炒至入味即可。

甲鱼

◆**营养价值**：富含极为丰富的蛋白质、维生素 A、B 族维生素、维生素 E、尼克酸、核黄素、硫胺素、钙、镁、铁、锌、钾、硒等营养物质。

◆**食疗功效**：益气补虚、滋阴壮阳、益肾健体、净血散结、降低胆固醇、提高人体免疫力、抗癌。

选购窍门

◎应选择动作敏捷、腹部有光泽且呈乳白色、背部呈橄榄色、肌肉肥厚、裙边厚而向上翘、体外无伤病痕迹、翻转灵活的活甲鱼，忌买死甲鱼。

储存之道

◎将甲鱼放进一个装有湿沙的箱子里，可存活 40 天左右；夏天可将甲鱼养在冰箱冷藏室的果菜盒内，既可防止蚊虫叮咬，又可延长甲鱼的存活时间。

烹调妙招

◎杀甲鱼时，先将胆囊取出，将胆汁与水混合，涂抹于甲鱼全身，片刻后用清水把胆汁洗掉，即可除去甲鱼的腥味。

甲鱼烧鸡

制作时间 50分钟

材料 甲鱼、子母鸡各1只，姜片5克，葱段8克

调料 盐、料酒、水淀粉、香油、糖色各适量

做法

1. 甲鱼治净，切大块；鸡治净，入沸水煮至八成熟取出切块。
2. 甲鱼、鸡块过油，捞出备用。
3. 油烧热，姜片、葱段炝锅，放入鸡块煸炒，加入盐、料酒、糖色炒匀。
4. 下甲鱼烧熟，水淀粉勾芡，淋入香油即可。

蒜苗甲鱼

制作时间 30分钟

材料 甲鱼肉350克，蒜苗、红椒、蒜各适量

调料 黄豆酱、醋、糖、料酒、淀粉、香油各适量

做法

1. 红辣椒、蒜苗洗净切段。
2. 蒜去皮切末。
3. 甲鱼肉洗净切片，汆烫后捞出，沥干水。
4. 油烧热，入蒜、蒜苗爆香，入黄豆酱略炒，再加入甲鱼、红椒及白醋、白糖、料酒炒熟。
5. 用水淀粉勾芡，淋入香油即可。

泥鳅

◆**营养价值**：富含蛋白质、维生素 A、B 族维生素、维生素 E、尼克酸、钙、磷、钾、钠、镁、铁、锌、硒等营养物质。

◆**食疗功效**：暖脾胃、祛湿、通便、壮阳、止虚汗、降血糖、强精补血、抗菌消炎。

选购窍门

◎应选择鲜活、无异味的泥鳅。

储存之道

◎应放入冰箱冷藏并尽快食用。

烹调妙招

◎做回锅泥鳅时，把炖熟的泥鳅和汤分开放置。将油倒入炒勺中烧热，放入泥鳅煎片刻，再放入盐、酱油等调味料，再将汤倒入勺内，烧开后食用，此方法别有风味，可使泥鳅鲜美异常。

干煸泥鳅

制作时间 23分钟

材料 泥鳅400克，干椒段20克

调料 盐4克，花椒10克，芝麻10克

做法

1. 泥鳅用开水烫死，治净备用。
2. 锅上火，倒入油烧热，放入泥鳅，炸至焦干，捞出，沥干油分。
3. 留油，放入干椒段、花椒炒香，放入泥鳅，调入其他调味料，炒匀入味即可。

竹香泥鳅

制作时间 22分钟

材料 泥鳅500克，姜末、蒜末、葱花各10克

调料 孜然、干椒粉各5克，盐4克，鸡精2克

做法

1. 泥鳅治净，装碗，入盐、鸡精拌匀腌渍。
2. 锅上火，倒入油烧热，放入泥鳅，炸至焦干，捞出备用。
3. 锅上火，炒香姜末、蒜末、干椒粉，倒入泥鳅，调入其他调味料，炒匀入味。
4. 撒上葱花出锅即可。

虾

◆**营养价值**：富含蛋白质、维生素E、钙、磷、钾、钠、镁、铁、锌、硒等营养物质。

◆**食疗功效**：补肾壮阳、通乳、益脾胃、解毒、强壮补精、预防心血管疾病、预防癌症。

选购窍门

◎应选择虾体完整、甲壳密集、外壳清晰鲜明、肌肉紧实、身体有弹性、体表干燥洁净、无异味的虾。

储存之道

◎将虾的沙肠挑出，剥除虾壳，撒上少许酒，控干水分，放入冰箱冷冻保存。

烹调妙招

◎烹饪虾之前，先用泡桂皮的沸水把虾冲烫一下，可使味道更鲜美。

蒜皇咖喱炒海虾

制作时间 25分钟

材料 海虾400克，辣椒30克，牛油10克，洋葱20克，蒜15克

调料 咖喱粉10克，糖10克，盐8克

做法

1. 海虾治净。
2. 辣椒洗净切块。
3. 洋葱洗净切块。
4. 蒜去皮剁蓉。
5. 锅中注油烧热，放入海虾炸至金黄色，捞出沥油。
6. 牛油烧热，爆香辣椒、洋葱、蒜蓉，倒入海虾调入调味料炒匀至入味，即可出锅。

五仁粒粒香

制作时间 20分钟

材料 虾仁、核桃仁、腰果、松仁、花生各50克

调料 盐、白芝麻、葱、白糖、料酒各适量

做法

1. 核桃仁、腰果、松仁、花生洗净备用。
2. 葱洗净切段。
3. 虾仁用料酒腌渍片刻。
4. 油烧热，倒入虾仁、腰果、松仁、花生米，加盐，炒至断生后装盘。
5. 余油烧热，放葱段、白糖、核桃仁、白芝麻，炒至上色时摆盘。

菠萝炒虾仁

材料 虾仁100克，菠萝肉150克，青椒、红椒各15克，姜片、蒜末、葱段各少许

调料 盐5克，水淀粉10毫升，味精3克，鸡粉3克，料酒、食用油适量

食材处理

①将洗净的菠萝肉切成块。

②洗净的青红椒切块。

③洗净的虾仁切成两段。

④虾仁加少许盐、味精拌匀，加水淀粉拌匀，加少许食用油腌渍5分钟。

⑤锅中加约1000毫升清水烧开，放入菠萝块。

⑥煮沸后捞出。

⑦倒入虾仁，搅散。

⑧变色即可捞出备用。

制作指导 鲜菠萝先用盐水泡上一段时间再烹饪，不仅可以减少菠萝酶对口腔黏膜和嘴唇的刺激，还能使菠萝更加香甜。煮菠萝的时间不可太长，以免糖分流失，影响其鲜甜口感；炒虾仁时可以滴少许醋，以保证其颜色亮丽。

制作步骤

①用油起锅，倒入姜片、蒜末、葱白。

②加入切好的青红椒炒香。

③倒入汆水后的虾仁炒匀。

④淋入适量料酒。

⑤倒入切好的菠萝。

⑥加盐、鸡粉炒匀调味。

⑦加水淀粉勾芡。

⑧加少许熟油，翻炒匀至入味。

⑨盛出装盘即可。

海贝腊肉炒虾干

制作时间 18分钟

材料 海贝、腊肉、虾干、芦笋、胡萝卜各适量

调料 盐3克，料酒、姜、香油各适量

做法

1. 芦笋洗净切段；姜、胡萝卜洗净切片。
2. 虾干泡发后治净；腊肉洗净切片；海贝治净。
3. 锅烧热，下姜片炝香，倒入海贝、腊肉、虾干翻炒，倒入芦笋、胡萝卜和调味料炒至入味，摆盘即可。

韭菜炒鲜虾

制作时间 12分钟

材料 韭菜100克，鲜虾300克

调料 干辣椒10克，盐3克

做法

1. 韭菜洗净切段；虾治净，从中间剖开；干辣椒洗净沥干。
2. 锅中倒油烧热，下入韭菜炒至断生，加入虾炒熟。
3. 下盐和干辣椒炒匀入味即可。

海鲜炒满天星

制作时间 20分钟

材料 鲜菇、鲜鱿鱼、虾仁各150克，豌豆100克

调料 盐3克，红椒30克

做法

1. 将鲜菇洗净，切段；鲜鱿鱼洗净，打花刀，切丁；虾仁、豌豆洗净；红椒洗净，切丁。
2. 锅中油烧热，放入鲜菇、鱿鱼、虾仁、豌豆、红椒，调入盐翻炒。

花豆炒虾仁

制作时间 15分钟

材料 花豆100克，虾仁50克

调料 盐3克

做法

1. 将花豆用水泡发；虾仁洗净。
2. 锅中加油烧热，下入虾仁炒至变色。
3. 另起锅炒香花豆，加入虾仁，调入调味料，炒匀即可。

双味大虾

制作时间 16分钟

材料 大只罗氏虾300克，洋葱半个，红尖椒1个

调料 椒盐、生抽各5克，黄油50克，糖10克

做法

1. 将罗氏虾头身分开洗净；洋葱洗净切碎；红尖椒洗净切碎。
2. 油烧热，入罗氏虾头、虾身稍炸，把红椒、洋葱粒煸香。
3. 放虾头，椒盐炒1分钟。
4. 放水适量置于锅中，加入黄油、生抽、糖，把虾身炒1分钟即可。

冬瓜炒基围虾

制作时间 18分钟

材料 冬瓜、基围虾各200克，胡萝卜1小段

调料 盐、姜片、蒜末、鸡精、胡椒粉各适量

做法

1. 虾治净去头和脚须，背上划一刀。
2. 冬瓜洗净去皮，切成条状。
3. 胡萝卜洗净切条状。
4. 虾入油锅中炸至变色时，捞出备用。
5. 油烧热，爆香姜片、蒜末，入调味料和冬瓜、胡萝卜烧至入味，下入基围虾，勾芡即可。

雪菜炒虾仁

制作时间 18分钟

材料 河虾仁500克，葱1根，姜2片，雪菜100克

调料 盐、胡椒粉、酒、淀粉、蛋白各适量

做法

1. 虾仁治净，先用盐抓一下，用水洗净。
2. 在虾中加入盐、胡椒粉、淀粉、酒及蛋白拌匀，放入冰箱。
3. 油烧热，倒入虾仁，爆炒几下取出。
4. 留油烧热，先爆葱、姜，再倒入虾仁，加盐少许及雪菜末，快速翻炒后即可上碟。

水晶虾仁

制作时间 17分钟

材料 河虾仁400克，鸡蛋1个

调料 盐、淀粉、陈村碱水各适量

做法

1. 虾仁挑去沙筋，入碱水和盐快速搅拌。
2. 漂洗，取出虾仁滤干，放入冰箱。
3. 用鸡蛋清、淀粉打成浆，放入虾仁拌匀后淋少许油，放入冰箱。
4. 油烧温，锅内加调味料，倒入虾仁，开大火翻炒，淋油装盆即可。

西湖小炒

制作时间 20分钟

材料 雀肫100克、虾仁、虾干各适量，荷兰豆200克

调料 盐5克，上汤200克，湿淀粉适量

做法

1. 将雀肫、虾仁、虾干、荷兰豆滑油至熟，捞出备用。
2. 锅中余油，加入上汤、盐煮沸。
3. 放入所有的原料，烧入味，用湿淀粉勾芡后，装盘即可。

爆珊瑚虾球

制作时间 18分钟

材料 鲜虾仁200克，核桃仁100克，菜心30克

调料 XO酱5克，白醋、糖、番茄酱、盐各少许

做法

1. 将鲜虾仁洗净，用盐拌匀腌渍。
2. 菜心洗净切段。
3. 核桃仁炸熟，捞出沥油备用。
4. 油锅烧热，下虾仁炒熟，加入菜心和核桃仁。
5. 倒入XO酱爆炒入味，加入白醋、糖、番茄酱翻炒均匀即可。

甜粟蜜豆炒虾腰

制作时间 18分钟

材料 甜粟、虾仁各300克，荷兰豆500克，红椒50克

调料 盐3克，鸡精20克，糖30克

做法

1. 甜粟去头尾，切件。
2. 荷兰豆去头尾洗净，切段。
3. 红椒洗净去籽切片；虾仁治净。
4. 荷兰豆、甜粟、虾仁分别过沸水焯烫，备用。
5. 油烧热，炒香红椒片，放入甜粟、荷兰豆、虾仁炒至半熟。
6. 调入调味料，再炒至熟即可出锅。

草菇虾仁

制作时间 25分钟

材料 虾仁300克，草菇150克，胡萝卜、葱各适量

调料 蛋白、盐、淀粉各3克，胡椒粉、酒各5克

做法

1. 虾仁挑净泥肠，洗净后拭干。
2. 草菇加盐，焯烫后捞出冲凉；胡萝卜洗净去皮，切片；葱洗净切段。
3. 油烧热，放入虾仁炸至变红时捞出，余油倒出。
4. 另用油炒葱段、胡萝卜片和草菇。
5. 然后将虾仁回锅，加入调味料同炒至匀，盛出即可。

椒盐虾仔

制作时间 20分钟

材料 虾300克，辣椒面20克

调料 葱、姜、蒜、盐各5克，五香粉、生抽各3克

做法

1. 将虾治净。
2. 葱洗净切末。
3. 姜洗净切末。
4. 蒜洗净剁蓉。
5. 将虾仔下入八成热的油温中炸干水分，捞出。
6. 将辣椒面、盐、五香粉制成椒盐，下入虾仔中，加入葱、姜、蒜炒匀即可。

鲜蚕豆炒虾肉

制作时间 15分钟

材料 鲜蚕豆250克，虾肉80克

调料 香油、生抽各5克，盐3克

做法

1. 将虾肉洗净，用盐水浸泡，捞出沥干；蚕豆去壳，洗净，焯水，捞出，沥干。
2. 油锅烧热，将蚕豆放入锅内，翻炒至熟，盛盘待用。
3. 油烧热，加入虾肉、香油、生抽、盐炒香，倒在蚕豆上即可。

烧肉豆芽炒虾

制作时间 10分钟

材料 烧肉、豆芽、虾仁、青椒丝、淀粉各适量

调料 盐、糖、蚝油、生抽各适量

做法

1. 黄豆芽择洗净，备用；烧肉切块；虾仁洗净。
2. 锅中放少许油烧热，放入烧肉煎香，盛出；虾仁入油锅滑熟。
3. 油烧热，爆香椒丝，再放入黄豆芽炒2分钟，放入烧肉和虾仁。
4. 调入盐、糖和蚝油、生抽，用淀粉勾芡即可装盘。

松仁爆虾球

制作时间 20分钟

材料 虾仁、松仁各300克，上海青、胡萝卜各100克

调料 葱、盐、料酒、鸡蛋清、淀粉各适量

做法

1. 虾仁洗净，加入盐、料酒、鸡蛋清、淀粉拌匀，腌渍。
2. 胡萝卜洗净，切片；松仁洗净，对半剖开；上海青洗净，烫熟装盘。
3. 油烧热，入虾仁、松仁、胡萝卜片炒熟。
4. 入料酒、盐炒熟，撒上葱花，淋上香油。

韭菜银芽炒河虾

制作时间 18分钟

材料 韭菜100克，绿豆芽、河虾各200克

调料 盐3克

做法

1. 韭菜择好洗净，切段。
2. 绿豆芽洗净沥干。
3. 河虾洗净。
4. 锅中倒油烧热，下入河虾炒至变色，加入韭菜和绿豆芽炒熟。
5. 下盐，调好味即可出锅。

油爆虾

制作时间 18分钟

材料 河虾300克，葱2根

调料 糖50克，生抽10克，胡椒粉5克

做法

1. 将河虾去须洗净。
2. 葱洗净切段。
3. 将油放入锅中烧至九成热，将河虾放入油锅中过油1分钟后捞出，锅中油倒出。
4. 油烧热，煸香葱段，加少量水，把调味料、河虾放入锅中，翻炒入味即可。

飘香虾仁

制作时间 15分钟

材料 虾仁、核桃仁、玉米笋、百合各100克

调料 盐1克，料酒、白糖、香油各适量

做法

1. 玉米笋洗净，切段，焯熟；百合洗净，焯熟。
2. 虾仁洗净，用盐、料酒腌渍入味后入油锅，加玉米笋、百合炒熟后装盘。
3. 锅置火上，放少许油烧热，倒入白糖，入核桃仁炒匀后也装盘。
4. 在菜上淋上香油即可。

鬼马海鲜盏

制作时间 20分钟

材料 虾6个，带子3个，马蹄100克，生菜叶6克

调料 盐3克，海鲜料适量

做法

1. 虾、带子分别取肉洗净切碎。
2. 马蹄去皮洗净切碎。
3. 生菜洗净剪成盏形备用。
4. 清水烧沸，放入虾、带子肉、马蹄，汆熟。
5. 油烧热，入除生菜外的原材料，入海鲜料、盐、味精炒熟，放进备好的生菜盏里即成。

金瓜虾仁

制作时间 22分钟

材料 虾仁、金瓜块、胡萝卜丁、蟹柳各适量

调料 盐3克，水淀粉10克

做法

1. 金瓜焯水后摆盘。
2. 虾仁、蟹柳、胡萝卜丁均洗净。
3. 油锅烧热，将虾仁、蟹柳、胡萝卜同炒熟。
4. 调入盐炒匀，勾芡摆盘即可。

豌豆萝卜炒虾

制作时间 18分钟

材料 虾300克，豌豆60克，泡萝卜30克

调料 盐5克，香油8克，料酒5克，酱油3克

做法

1. 虾治净，加料酒、盐、酱油腌渍入味。
2. 豌豆洗净，入锅煮熟。
3. 泡萝卜洗净，切成小丁。
4. 油烧热，将虾炒至熟，捞出。
5. 原油锅烧热，倒入泡萝卜丁、豌豆翻炒至熟，然后加入虾和其余调料再炒几下，装盘即可。

蟹

◆**营养价值**：富含蛋白质、脂肪、B族维生素、维生素E、尼克酸、钙、磷、钾、钠、镁、锌、硒等营养物质。

◆**食疗功效**：舒筋益气、理胃消食、通经络、滋阴、抗癌。

选购窍门

◎应选择背甲壳硬且呈青灰色、有光泽，腹为白色，金爪丛生黄毛、色泽光亮，脐部圆润、向外凸、黑色多，肢体完整，蟹脚硬，个大，活动有力，分量较重的螃蟹。

储存之道

◎将螃蟹放在盆、缸等容器中，在容器底部铺一层泥，再放些黑芝麻或打散的鸡蛋，置于阴凉处储存。

烹调妙招

◎将生螃蟹去壳时，可先用开水烫3分钟，较易去壳。蒸煮螃蟹时，应将螃蟹用绳捆住，用凉水下锅，这样可以防止掉腿和流黄；还可加入一些紫苏叶和鲜生姜，能够解蟹毒，还可以减轻其寒性。

咖喱炒蟹

制作时间 18分钟

材料 蟹100克，咖喱粉30克，鸡蛋、红辣椒各10克

调料 干淀粉、料酒、生抽、香油、盐各适量

做法

1. 蟹治净，将蟹钳与蟹壳分别斩块，撒上干淀粉，抓匀，炸至表面变红，捞出。
2. 红辣椒洗净，切成片；蛋打入碗中，搅散，入油锅中炒熟；咖喱粉调湿备用。
3. 油烧热，下调味料，放入蟹块，倒入红辣椒片、鸡蛋，炒熟即可。

避风塘辣椒炒蟹

制作时间 22分钟

材料 大肉蟹750克，干辣椒50克，红辣椒1个

调料 生抽、淀粉各少许，蒜蓉15克，葱段10克

做法

1. 蟹治净斩件，加少许淀粉拌匀。
2. 红辣椒洗净切圈。
3. 烧热半锅油，下干辣椒、蟹件炸至七分熟，再放蒜蓉、生抽。
4. 慢火炸香，起锅沥干油，放入葱段、红辣椒圈拌匀，上碟即可。

姜葱炒花蟹

制作时间 3分钟

材料 花蟹2只，生姜15克，葱20克，大蒜少许

调料 盐、味精、鸡粉、料酒、生抽、生粉、水淀粉各适量

食材处理

①花蟹洗净，取下蟹壳斩块，把蟹脚拍破。

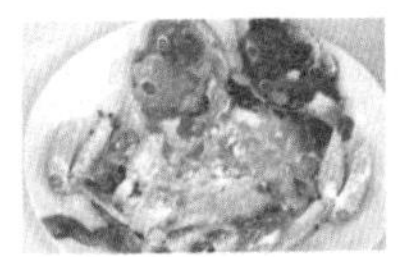

②蟹块装入盘内，撒上适量生粉。

制作指导 蟹的大钳很硬，吃起来困难，煮之前可以先把它拍裂，会更易入味。

制作步骤

①热锅注油，烧至六七成热。

②倒入蟹壳、蟹块、生姜片，炸约1分钟捞出。

③锅留底油，倒入葱白、蒜末爆香。

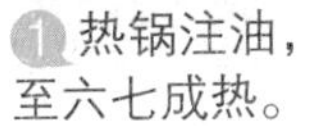

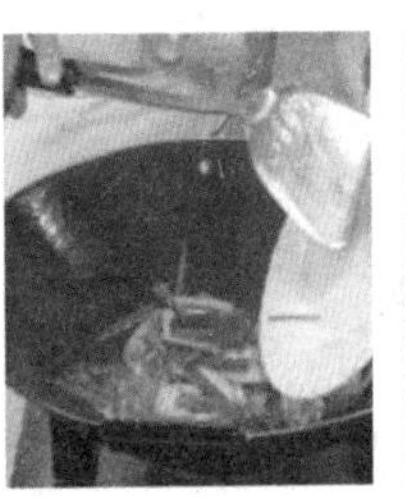

④倒入蟹块，加料酒、盐、味精、鸡粉、生抽、葱叶。

⑤加少许水淀粉炒匀，翻炒均匀。

⑥出锅装盘即成。

蒜沙炒辣蟹

制作时间 20分钟

材料 肉蟹2只，蒜250克，辣椒干、红葱各20克

调料 鸡精10克，盐5克，糖3克

做法

1. 肉蟹治净，剁件；蒜去皮切块；姜洗净切末。
2. 油烧热，放入肉蟹炸熟，捞出沥油。
3. 留油，爆香蒜块、辣椒干、红葱头、姜末，加入蟹件，调入调味料炒匀至熟即可。

蒜子葱油生爆肉蟹

制作时间 19分钟

材料 肉蟹2个，蒜20克，葱50克

调料 生抽6克，盐3克，淀粉50克

做法

1. 将肉蟹治净；蒜去皮炸熟；葱留葱白切细段备用。
2. 肉蟹拍上淀粉，放入油锅中炸香，取出。
3. 油烧热，爆香葱、蒜，放入肉蟹，调入生抽、盐炒匀至干即可。

香橙辣子蟹

制作时间 34分钟

材料 蟹、香橙各2个，干红椒50克，白芝麻9克

调料 盐、料酒、胡椒粉、上汤、香油各适量

做法

1. 蟹治净；香橙洗净后打成橙汁；干红椒切小段。
2. 油锅烧热，下红辣椒炝锅后烹入料酒，注入上汤，放蟹肉，倒入橙汁同煮。
3. 将熟时加入盐、胡椒粉、加盖稍焖后盛盘，撒上白芝麻，淋上香油便可。

金牌口味蟹

制作时间 35分钟

材料 螃蟹1000克，红椒节、干淀粉、高汤各适量

调料 豆豉、蒜、料酒、豆瓣酱、糖、醋、盐各适量

做法

1. 螃蟹治净斩块，撒上干淀粉抓匀，下热油锅炸至表面变红，捞出；蒜去皮洗净。
2. 油烧热，将豆豉、红辣椒节、蒜子爆香，下蟹块，淋上料酒略炒，加入适量高汤，加入豆瓣酱、糖、醋、盐、大火烧开，转小火煮至入味，装盘即可。

鼎上清炒蟹粉

制作时间 40分钟

材料 大闸蟹250克，上海青100克，姜15克

调料 素红油50克，淀粉、米醋、胡椒粉5克

做法

1. 将大闸蟹洗净，入沸水中煮熟，去壳；上海青焯水备用。
2. 素红油下锅，加入蟹肉煸炒至香，放入调味料炒匀，加入米醋。
3. 用淀粉打薄芡，即可出锅，围上上海青即可。

葱姜炒蟹

制作时间 20分钟

材料 花蟹450克，葱、姜各20克

调料 盐3克，酱油、白糖、料酒、香油各10克

做法

1. 花蟹治净，斩块，用盐、酱油、白糖腌渍。
2. 葱洗净，切段。
3. 姜洗净，切片。
4. 油烧热，下花蟹炸至黄色捞出。
5. 锅内留油，下入葱、姜爆香，加入蟹炒匀，烹入料酒。
6. 放入调味料炒匀，盛盘即可。

青竹腐乳炒蟹

制作时间 22分钟

材料 蟹500克，蒜、葱各100克，青竹段150克

调料 盐、鸡精各10克，淀粉100克

做法

1. 蟹斩件洗净；蒜去皮。
2. 葱留葱白洗净切段。
3. 水开放入蟹焯烫片刻，捞出沥干水分。
4. 蒜头放入烧热油的锅中炸干，加入青竹、葱段炒香。
5. 放入焯过的蟹，调入盐、鸡精，炒匀用湿淀粉勾芡即可。

◆**营养价值**：富含蛋白质、维生素A、维生素E、钙、磷、镁、铁、锌、硒等营养物质。

◆**食疗功效**：滋阴、养肝、止渴、解毒、明目、清热、弹润肌肤。

选购窍门

◎应选择蚌壳无破损、受刺激后触须快速缩入体内、贝壳紧闭的活蚌。

储存之道

◎应放入冰箱冷藏。

烹调妙招

◎先将蚌用盐水浸泡，去除粘液后，清洗干净再进行烹制。

澳门津白炒小蚌

制作时间 15分钟

材料 大白菜梗150克，小象拔蚌6只，红辣椒2个

调料 味精、鸡精、姜米、蒜米、糖、盐各适量

做法

1. 大白菜梗洗净切段。
2. 红辣椒洗净切条。
3. 小象拔蚌治净，备用。
4. 锅中油烧热，炒香姜蒜米。
5. 放入切好的白菜梗、辣椒和小象拔蚌。
6. 调入调味料炒3分钟至熟入味即可。

云南小瓜炒珊瑚蚌

制作时间 28分钟

材料 云南小瓜、珊瑚蚌各150克，银耳50克

调料 盐5克，糖5克

做法

1. 云南小瓜洗净切片。
2. 银耳泡发洗净切片。
3. 珊瑚蚌洗净切段用盐、油腌渍15分钟。
4. 锅中油烧热，放入云南小瓜、银耳，调入调味料。
5. 炒2分钟后放入珊瑚蚌再炒1分钟即可。

鲜贝

◆**营养价值**：富含蛋白质、维生素A、维生素E、钙、磷、镁、铁、锌、硒等营养物质。

◆**食疗功效**：美容养颜、开胃、健体强身、延缓衰老、抗癌。

储存之道

◎应放入冰箱冷藏。

烹调妙招

◎为防止烹制过度是鲜贝肉质老硬，可以使用淀粉上浆和汆烫结合的方法，可做出肉质鲜嫩美味的鲜贝。

八卦鲜贝

制作时间 25分钟

材料 鲜贝400克，高汤300克

调料 酱油、糖、米醋、番茄酱、盐各适量

做法

1. 鲜贝洗净备用。
2. 高汤加盐下锅煮开，倒入一半鲜贝煮熟，捞出沥干备用。
3. 炒锅倒油加热，下入酱油、糖、米醋、番茄酱煮至溶化。
4. 倒入剩下的鲜贝翻炒至熟。
5. 将按照两种做法做好的鲜贝分别倒入装饰好的盘中即可。

香港仔爆鲜贝

制作时间 18分钟

材料 四季豆300克，鲜贝100克，鳗鱼50克

调料 盐、糖各8克，洋葱30克，蒜、红椒各15克

做法

1. 四季豆洗净切粒。
2. 鳗鱼取肉切粒。
3. 洋葱洗净切粒。
4. 蒜去皮切米；红椒切粒。
5. 鲜贝焯熟，捞出沥干水分，四季豆粒入油锅中炸熟，捞出沥油。
6. 油烧热，爆香洋葱、蒜、红椒，入四季豆、鲜贝、鳗鱼。
7. 入调味料炒匀至熟即可。

蛤蜊

◆**营养价值**：富含蛋白质、维生素A、维生素E、尼克酸、核黄素、钙、磷、钾、钠、镁、铁、锌、硒等营养物质，所含矿物质十分齐全。

◆**食疗功效**：滋阴润燥、利尿化痰、软坚散结。

选购窍门

◎选购蛤蜊时，可拿起轻敲，若为“砰砰”声，则蛤蜊是死的；相反若为“咯咯”较清脆的声音，则蛤蜊是活的。

储存之道

◎将蛤蜊去壳洗净，用保鲜膜包好放入冰箱冷藏。

烹调妙招

◎烹制蛤蜊前应先将其洗净用黄酒腌渍，可使蛤蜊壳易剥落。

泰式肉碎炒蛤蜊

制作时间 18分钟

材料 蛤蜊400克，蒜15克，姜10克，淀粉20克，彩椒20克

调料 辣椒酱50克，茄汁30克，咖喱粉10克

做法

1. 蛤蜊洗净。
2. 蒜去皮剁蓉。
3. 姜洗净切末。
4. 彩椒洗净切片。
5. 锅中水烧开，放入蛤蜊煮开，捞出沥水。
6. 油烧热，放入蒜蓉、姜末爆香，放入蛤蜊。
7. 调入辣椒酱、茄汁、咖喱粉、彩椒片炒匀。
8. 用淀粉勾芡即可。

口味蛤蜊

制作时间 15分钟

材料 蛤蜊400克，豆豉30克

调料 红椒、生姜、葱花各15克，盐、鸡精各2克

做法

1. 将蛤蜊洗净，入沸水锅中汆水至八成熟，捞出沥干水分；豆豉洗净。
2. 红椒洗净，切丁；生姜去皮洗净，切丁；葱洗净，切花。
3. 炒锅注入适量油烧热，下入蛤蜊爆炒，再倒入豆豉和红椒丁、生姜同炒香。调入少许盐和鸡精调味，起锅装盘。
4. 最后撒上适量葱花即可起锅食用。

泡白菜炒花甲

制作时间 20分钟

材料 花甲300克，泡白菜100克，蒜6克，姜5克

调料 蚝油5克，盐4克，鸡精2克，红椒1个

做法

1. 净锅上火，放入适量清水，倒入花甲煮沸至花甲开壳，取出去壳留肉洗净备用。
2. 蒜去皮剁蓉。
3. 红椒洗净切菱形片。
4. 姜去皮切片。炒锅上火，油烧热，爆香蒜蓉、姜片。
5. 入泡菜、花甲、红椒片翻炒，加入少许水，调入蚝油、盐、鸡精，煮沸至入味即可。

姜葱炒花甲

制作时间 80分钟

材料 花甲400克，姜10克，葱10克

调料 盐5克，花雕酒6克，香油8克，蚝油5克

做法

1. 花甲用清水养1小时，待其吐沙，洗净，再将其入沸水浸泡。
2. 姜洗净切片。
3. 葱洗净切花。
4. 锅中烧油，爆香姜，下花甲爆炒，再下葱花、调味料调味，炒匀即可。

辣炒花甲

制作时间 3分钟

材料 花甲500克，青椒片、红椒片、干辣椒、蒜末、姜片、葱白各少许

调料 盐3克，料酒3毫升，味精3克，鸡粉3克，芝麻油、辣椒油、食用油、豆豉酱、豆瓣酱各适量

做法

1. 用油起锅，倒入干辣椒、姜片、蒜末、葱白，加入切好的青椒片、红椒片、豆豉酱炒香。
2. 倒入煮熟洗净的花甲，拌炒均匀，加入适量的味精、盐、鸡粉。
3. 淋入少许料酒炒匀调味。
4. 加豆瓣酱、辣椒油炒匀，加水淀粉勾芡，加少许芝麻油炒匀，盛出装盘即可。

牛蛙

◆**营养价值**：含有丰富的蛋白质、维生素A、尼克酸、核黄素、钙、磷、钾、钠、镁、铁等营养物质。

◆**食疗功效**：开胃、补虚强身、补血益气、滋阴壮阳、安神。

选购窍门

◎应选择个体较大、四肢粗壮、呈绿褐色的牛蛙。

储存之道

◎应放入冰箱冷藏。

烹调妙招

◎烹制牛蛙前，先用沸水氽烫一下，再用调味料腌制，可以去除其腥味。

鸡腿菇烧牛蛙

制作时间 20分钟

材料 牛蛙100克，鸡腿菇150克，红椒10克

调料 葱10克，盐、胡椒粉、酱油各4克，姜末8克

做法

1. 牛蛙治净斩大块，用酱油、胡椒粉稍腌。
2. 鸡腿菇洗净对切。
3. 红椒洗净切片。
4. 葱洗净切段。
5. 牛蛙入油锅中滑散后捞出。
6. 锅置火上，加油烧热，下入牛蛙和鸡腿菇、红椒片。
7. 加入其他调味料炒匀即可。

避风塘炒牛蛙

制作时间 15分钟

材料 牛蛙500克，蒜蓉、面包糠各50克，葱段15克

调料 盐1克，糖1克，淀粉、鸡精适量

做法

1. 将牛蛙治净，切件。
2. 锅上火放入油，将牛蛙拍上适量淀粉，投入锅中炸至金黄色，捞起。
3. 锅内留油，将蒜蓉、葱段爆香，再入面包糠和牛蛙。
4. 调入调味料，翻炒片刻即可。

彩椒炒牛蛙

制作时间 3分钟

材料 牛蛙肉300克，彩椒200克，蒜末、姜片、葱白各少许

调料 盐、味精、老抽、蚝油、水淀粉、料酒、生粉各适量

食材处理

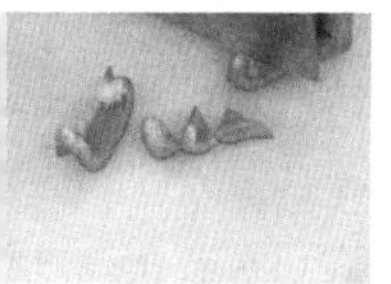

①将已洗净去籽的彩椒切成块。

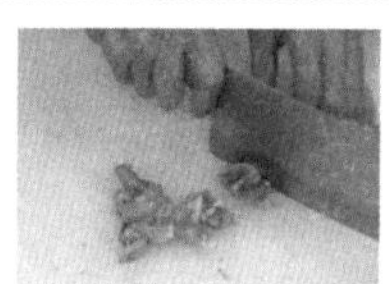

②处理好的牛蛙肉斩块。

③牛蛙加盐、味精、料酒、生粉拌匀腌渍10分钟。

①锅中加水烧开，放入食用油、盐，倒入彩椒。

②约煮1分钟至断生捞出。

③倒入牛蛙，氽煮片刻后捞出。

制作指导 牛蛙肉炒前用料酒和其他调味料腌渍一会儿，炒时用大火快速翻炒，炒出来的肉鲜嫩、爽口。

制作步骤

①用油起锅，倒入姜片、蒜末、葱白爆香。

②倒入牛蛙，加盐、味精、老抽翻炒入味。

③再倒入彩椒炒匀。

④加蚝油炒匀。

⑤倒入水淀粉勾芡，淋入熟油拌炒匀。

⑥盛出装盘即可。

海参

◆**营养价值**：含有蛋白质、维生素E、钙、磷、钾、钠、镁、铁、硒等营养物质，且含量丰富。

◆**食疗功效**：补肾益精、养血止血、养颜乌发、促进钙质吸收、调节血糖和血脂、抗癌、提高记忆力和人体免疫力。

选购窍门

◎应选择呈黑褐色、鲜亮、半透明状、内外膨胀均匀呈圆形状、肉质厚、体型大、内部无硬心、肉刺完整且排列均匀、有弹性、鲜美味道、表面略干的海参。

储存之道

◎鲜品应加冷水和冰块放入冰箱冷藏，每天换水加冰一次，应尽快食用，最多可保存三日；干品应放置在干燥、阴凉、通风处密封保存，也可放入冰箱冷藏。

烹调妙招

◎泡发海参时，先将其用水浸泡一天，捞出放入保温瓶，倒入热水，盖上瓶盖再浸泡一天即可。将泡发好的海参切成所需形状，以每5000克海参配250克醋和500克开水的比例调配，搅匀，浸泡30分钟，随后将海参放入自来水中，浸泡2至3个小时，可除去海参的酸味和苦涩味。

鸡腿菇爆海参柳

制作时间 20分钟

材料 鸡腿菇300克，海参50克，彩椒20克

调料 蚝油8克，盐4克

做法

1. 将鸡腿菇择洗净，切片后入沸水中，烫后捞出沥净水分。
2. 彩椒切条备用。海参用水泡发，切成条，调入蚝油、盐、味精焖熟，备用。
3. 油烧热，煸香彩椒、鸡腿菇，放入海参柳一起炒，调入盐炒熟即成。

京式爆海参

制作时间 20分钟

材料 海参100克，蒜20克，干葱20克

调料 盐、糖、鸡精各50克，淀粉100克

做法

1. 海参洗净切片，蒜去皮切片，干葱洗净。
2. 水烧开放入海参片焯烫，捞出沥干水分。
3. 蒜片放入烧热的油锅里炸干，取出，锅中留少许油放入干葱、海参片、蒜片。
4. 调入调味料炒匀，用淀粉打芡，即可上碟。

蛏子

◆**营养价值**：富含蛋白质、钙、磷、铁、锌、硒等营养物质，营养丰富。

◆**食疗功效**：清热解毒、益肾利水、清胃治痢、产后补虚、解酒毒。

选购窍门

◎应选择壳呈金黄色、个大的活蛏子。

储存之道

◎将活缢蛏放在淡盐水中使其吐沙，可存活一天。

烹调妙招

◎食用缢蛏前，可先将其洗净放养于淡盐水中，可使其吐净腹中的泥沙。最好用筷子将缢蛏与盆底隔开，可避免其反复吸入带有泥沙的水。

豉椒炒蛏子

制作时间 15分钟

材料 青椒2个，红椒1个，蛏子750克，淀粉6克

调料 豆豉、辣椒酱各10克，盐、糖、蚝油各2克

做法

1. 将青、红椒洗净切片。
2. 蛏子用开水烫后洗净。
3. 油下锅烧热，将青、红椒在锅内炒香后加入蛏子、豆豉、辣椒酱。
4. 加入适量清水炒1分钟。
5. 加入所有调味料，勾芡后即成。

黄豆酱炒蛏子

制作时间 3分钟

材料 蛏子300克，青椒片、红椒片姜片、蒜末、葱白各少许

调料 盐3克，味精3克，白糖3克，水淀粉10克，老抽3克，蚝油、料酒、食用油、黄豆酱各适量

做法

1. 用油起锅，倒入姜片、蒜末、葱白、青椒、红椒炒香，倒入蛏子，加料酒炒香。
2. 加蚝油、黄豆酱炒匀，加少许清水，加盐、味精、白糖翻炒入味。
3. 加少许老抽，炒匀上色。
4. 加少许水淀粉勾芡，再加少许熟油炒匀，盛出装盘即可。

田螺

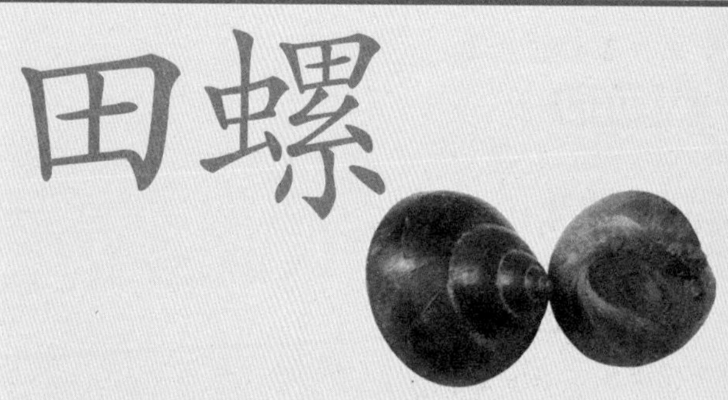

◆**营养价值**：富含蛋白质、尼克酸、维生素E，以及大量的钙、磷、钾、镁、铁、锌、硒等矿物质。

◆**食疗功效**：清热、明目、解暑、止渴、醒酒、利尿。

选购窍门

◎应选择个大、体圆、壳薄、掩盖完整收缩且轻压有弹性，螺壳呈淡青色，壳无破损、无肉溢出的田螺。

储存之道

◎应放入冰箱冷藏并尽快食用。

烹调妙招

◎烹制田螺前，先用葱、姜、蒜、紫苏叶等辛香料腌制田螺，以去除其腥味。

葱爆野山菌螺片

制作时间 20分钟

材料 野山菌300克，鲜螺400克，彩椒10克

调料 盐4克，葱白20克

做法

1. 鲜螺取螺肉洗净，过沸水后备用。
2. 葱白洗净切段。
3. 野山菌择洗净撕成碎条后，过沸水稍烫，捞出备用。
4. 彩椒洗净切条。
5. 油烧热，爆香葱白、彩椒，放入野山菌、螺片，调入盐炒匀入味即成。

春秋田螺

制作时间 20分钟

材料 带壳田螺500克，红青尖椒、干辣椒各15克

调料 剁辣椒10克，陈醋、盐各5克，红油20克，香油3克，料酒10克，淀粉10克

做法

1. 田螺去壳洗净。
2. 红、青尖椒洗净切碎。
3. 田螺焯水过油待用，锅内留油，将干辣椒节爆香后下入红尖椒、青尖椒旺火翻炒。
4. 下田螺，调入调味料，勾芡，淋少许红油、香油即成。

双椒爆螺肉

制作时间 4分钟

材料 田螺肉250克，青椒片、红椒片各40克，姜末、蒜蓉各20克，葱末少许

调料 盐、味精、料酒、水淀粉、辣椒油、芝麻油、胡椒粉各适量

制作指导 螺肉要用清水彻底冲洗干净，烹制时料酒可以多放一些，成品的味道更香浓。

制作步骤

①用油起锅，倒入葱末、姜末爆香。

②倒入田螺肉翻炒约2分钟至熟。

③放入青椒、红椒片。

④拌炒均匀。

⑤放入盐、味精。

⑥加料酒调味。

⑦加入少许水淀粉勾芡，淋入辣椒油、芝麻油。

⑧撒入胡椒粉，拌匀均匀。

⑨出锅装盘即成。

老干妈泰椒炒螺片

制作时间 45分钟

材料 老干妈1瓶，泰椒150克，活响螺1只

调料 盐1克，鸡精10克，淀粉100克

做法

1. 活响螺治净切片，用少许盐腌30分钟；泰椒洗净切片。
2. 锅上火，油烧热，放入螺片炸熟，捞出沥干油分。
3. 锅中留少许油，放入老干妈、泰椒片用猛火炒香，加入螺片、鸡精炒匀，用淀粉勾芡即可。

香菜梗爆螺片

制作时间 25分钟

材料 香菜500克，红椒100克，鲜螺500克

调料 盐4克

做法

1. 香菜择去叶留梗洗净；红椒洗净去蒂去籽切成丝。
2. 鲜螺取肉洗净切成片后，放入沸水中氽烫熟，捞出备用。
3. 炒锅上火，爆香香菜梗、红椒，加入螺片，炒香，调入盐炒至入味即成。

豉香天梯炒螺片

制作时间 20分钟

材料 猪天梯300克，葱白段50克，鲜螺肉100克，姜片4片

调料 盐3克，豉油10克

做法

1. 猪天梯洗净切片后，调入盐、姜、葱，放入蒸锅蒸熟。螺肉洗净过沸水，切片。
2. 油烧热，炒香葱白，放入猪天梯、螺片，调入豉油、盐、味精炒香入味即可。

彩椒炒素螺

制作时间 25分钟

材料 素螺500克，彩椒50克，芥蓝200克

调料 盐4克

做法

1. 素螺取肉清洗干净；彩椒去籽洗净切丁；芥蓝择洗干净切丁状。锅上火，加入适量清水，烧沸，分别将芥蓝、彩椒、素螺过沸水后，捞出沥水。
2. 油烧热，放入备好的原材料煸炒，调入盐，炒熟入味即成。

第7部分

香炒饭、面、粉

除了用来佐餐下饭的小炒菜式，还有以快炒之法制作的主食，如炒饭、炒粉、炒面，同样让人回味无穷。我们将在此列举多款炒饭、炒面、炒粉，让大家变换口味，还会为入厨者介绍相关的营养功效。

炒饭

◆**营养价值**：搭配银鱼、瘦肉、鸡蛋、绿叶菜一同炒食，可带来丰富的蛋白质、维生素以及钙、铁、锌等营养物质。

◆**食疗功效**：开胃、助消化、补虚、健体强身、养肺止咳。

选购窍门

◎应选择新鲜、无异味、不过期的米饭及食材进行烹制。

储存之道

◎存放不宜过夜，最好即炒即食。

烹调妙招

◎宜使用大火快炒的方式进行烹饪，以最全面地留住各种食材的营养元素。

印尼炒饭

制作时间 12分钟

材料 火腿、虾仁、鸡蛋、火腿肠、米饭各适量

调料 鸡精2克，胡椒粉3克，黄姜粉5克

做法

1. 火腿切丝。
2. 锅上火，油烧热，放入火腿丝炒香。
3. 加入米饭，调入黄姜粉和其他调味料一起炒干装碟。
4. 将煎好的鸡蛋、虾仁、火腿肠依次摆在碟上即可食用。

青豆炒饭

制作时间 10分钟

材料 叉烧、青豆、虾仁、鸡蛋各适量，米饭150克

调料 咖喱油、咖喱粉、盐、味精、鸡精各3克

做法

1. 青豆、虾仁洗净切粒，过水过油至熟。
2. 鸡蛋打开，加少许盐，微调入味，保持蛋清、蛋黄分开。
3. 下油至锅中，将熟米饭倒入。
4. 加叉烧粒、青豆粒、虾仁粒及调味料炒熟，鸡蛋煎半熟即可。

三文鱼炒饭

制作时间 15分钟

材料 米饭、三文鱼各100克，紫菜20克，菜粒30克

调料 盐3克，鸡精2克，生抽6克，姜10克

做法

1. 姜洗净切末；紫菜洗净；菜粒入沸水中焯烫，捞出沥水。
2. 油烧热，放入三文鱼炸至金黄色，捞出沥油。
3. 锅中留少许油，放入米饭炒香。
4. 调入盐、鸡精，加入三文鱼、菜粒、紫菜、姜末炒香。
5. 调入生抽即可。

泰皇炒饭

制作时间 12分钟

材料 米饭1碗，虾仁、蟹柳、菠萝各适量，鸡蛋1个

调料 青椒1个，红椒1个，泰皇酱适量

做法

1. 青、红椒去蒂，洗净切粒。
2. 菠萝去皮洗净切粒。
3. 锅中油烧热，放入鸡蛋液炸成蛋花。
4. 再将青椒、红椒、菠萝、蟹柳、虾仁一起爆炒至熟。
5. 倒入米饭一起炒香，加入泰皇酱炒匀即可。

什锦炒饭

制作时间 12分钟

材料 米饭150克，腊肉、虾仁、牛肉、鸡蛋各25克

调料 盐3克，葱10克，味精3克，鸡精3克

做法

1. 腊肉、牛肉、虾仁洗净切粒，先过水过油至熟。
2. 生菜洗净切丝。
3. 葱洗净切小段。
4. 鸡蛋打匀；米洗净加水煮熟。
5. 油下锅，葱段入锅，加鸡蛋炒熟。
6. 下米饭、腊肉粒、牛肉粒、虾仁粒用中火炒，加调料调味。

干贝蛋炒饭

制作时间 10分钟

材料 米饭1碗，干贝3粒，鸡蛋1个

调料 盐适量，葱花3克

做法

1. 干贝泡软，剥成细丝。
2. 鸡蛋去壳打成蛋液。
3. 油锅加热，下干贝丝炒至酥黄，再将米饭倒入炒散。
4. 加盐调味，炒至饭粒变干且晶莹发亮时加入蛋液。
5. 将葱洗净，切成葱花，撒在饭上即可盛起。

海鲜炒饭

材料 咸蛋黄2个，虾仁、鲜鱿各50克，米饭200克

调料 盐3克，鸡精5克，胡椒粉少许

做法

1. 将咸蛋黄蒸熟后取出，搅成蛋碎；将所有海鲜洗净切粒，过油。
2. 鸡蛋去壳打散成蛋汁。
3. 烧热锅，再加入咸蛋黄及所有原材料翻炒。
4. 再加入米饭，大火炒匀至干后，加调味料炒匀即可。

西式炒饭

制作时间 12分钟

材料 米饭150克，胡萝卜、青豆、火腿、叉烧各25克

调料 茄汁25克，糖25克，味精20克，盐10克

做法

1. 米洗净加水煮熟成米饭；胡萝卜洗净切粒；火腿洗净切粒；叉烧切粒，焯水。
2. 油倒入锅中，将胡萝卜、青豆、火腿、叉烧过油炒。
3. 加入茄汁、糖、味精、盐调味。
4. 再下入熟米饭一起炒匀即可。

松子玉米饭

制作时间 10分钟

材料 胚芽米、玉米粒、毛豆、胡萝卜丁、松子各适量

调料 盐适量

做法

1. 将胚芽米煮熟，用筷子挑松并吹凉备用。
2. 毛豆烫一下备用。
3. 其他材料洗净切好。
4. 将玉米、胡萝卜和少许水煮至水干，再放入松子等拌炒。
5. 再把冷饭倒入，加入盐拌炒即可。

福建海鲜炒饭

制作时间 10分钟

材料 米饭1碗，干贝、火腿、虾仁、蟹柳、鲜鱿各20克

调料 鸡汤200克，水淀粉30克，盐5克，味精3克，麻油15克，蛋清5克

做法

1. 锅中水烧开，放入洗净的干贝、火腿、虾仁、蟹柳、鲜鱿焯烫，捞出沥干水分。
2. 将除米饭外的原材料再加入鸡汤煮2分钟，调入盐、味精、麻油调匀。
3. 水淀粉放入锅中勾芡，再加入蛋清炒匀，即可盛出铺在饭上。

扬州炒饭

制作时间 8分钟

材料 米饭500克，鸡蛋、青豆、玉米、虾仁各40克

调料 盐、葱花、鸡精、白糖、生抽、麻油各适量

做法

1. 将鸡蛋打散，拌入米饭当中；将洗净青豆、鲜玉米粒、鲜虾仁用开水焯熟捞起。
2. 烧锅下油，放入米饭翻炒，然后加入焯熟的青豆、玉米粒、虾仁翻炒。
3. 所有调味料加入炒香的饭中，拌均匀，入葱花稍翻炒即可。

西湖炒饭

制作时间 8分钟

材料 米饭1碗，虾仁、荷兰豆、火腿、鸡蛋各50克

调料 葱花1根，盐5克，味精2克

做法

1. 荷兰豆、虾仁均洗净切丁；鸡蛋打散；火腿切丁。
2. 炒锅置火上，下鸡蛋和以上备好的材料炒透。
3. 再加米饭炒熟，下调味料炒匀即可。

鱼丁炒饭

制作时间 7分钟

材料 白北鱼1片，鸡蛋1个，白饭1碗

调料 盐1小匙，葱2根

做法

1. 鱼片冲净，去骨切丁；蛋打成蛋汁；葱去根须和老叶，洗净，切葱花。
2. 炒锅加热，鱼丁过油，续下米饭炒散，加盐、葱花提味。
3. 淋上蛋汁，炒至收干即成。

碧绿蟹子炒饭

制作时间 8分钟

材料 菜心50克，鸡蛋2个，蟹子20克，米饭1碗

调料 盐3克，味精2克，鸡精1克

做法

1. 菜心留梗洗净切成粒，炒熟备用。
2. 鸡蛋打入碗中，调入盐、味精、鸡精搅匀。
3. 锅上火，油烧热，放入蛋液炒至七成熟，放入米饭炒熟。
4. 调入盐、味精、鸡精，放入蟹子、菜粒炒匀入味即成。

干贝蛋白炒饭

制作时间 7分钟

材料 白米饭1碗，蛋清、白菜、姜片、干贝各适量

调料 盐3克，鸡精2克，料酒5克，葱5克

做法

1. 干贝泡软后加入些许料酒、姜片蒸熟，取出，将干贝撕碎备用。
2. 蛋清加入少许盐、味精搅匀，炒熟；白菜叶洗净切成细丝；葱择洗净切成花。
3. 油烧热，放入白菜丝、蛋清、干贝，调入盐、鸡精炒香，加入米饭，炒匀入味撒上葱花即成。

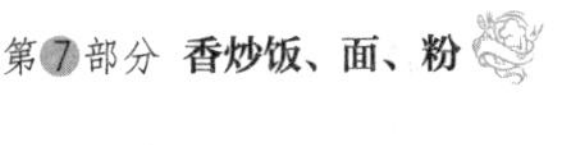

炒面

◆**营养价值**：搭配各类蔬菜一同炒食，可带来丰富的维生素、矿物质等营养。

◆**食疗功效**：增强人体免疫力、均衡营养、助消化、补血、健体强身。

选购窍门

◎应选择新鲜、无异味、不过期的面条及食材进行烹制。

储存之道

◎存放不宜过夜，最好即炒即食。

烹调妙招

◎在烹制炒面的过程中，要不断地用炒勺或筷子搅拌、翻炒面条，以免粘锅。

银芽炒蛋面

制作时间 12分钟

材料 绿豆芽100克，冬菇、韭黄、蛋面各适量

调料 盐4克，味精5克，蚝油10克，葱10克

做法

1. 冬菇泡发，洗净切丝。
2. 绿豆芽洗净。
3. 韭黄洗净切段。
4. 葱洗净切花。
5. 水烧开，放入蛋面，搅散煮熟。
6. 油烧热，放入冬菇丝，调入蚝油，加入蛋面、绿豆芽。
7. 调入盐、味精炒匀，再放入韭黄、葱花炒匀即可。

肉丝炒面

制作时间 8分钟

材料 面条200克，瘦肉30克，榨菜25克

调料 生抽、盐、味精、蒜、葱、红椒各适量

做法

1. 瘦肉洗净，切丝。
2. 蒜去皮洗净切片。
3. 葱洗净切长段。
4. 红椒洗净切丝；榨菜洗净焯水。
5. 面条下锅煮熟，捞出盛盘。
6. 油烧热，放瘦肉、椒丝、蒜片、葱段炒熟，再下榨菜。
7. 加剩余用料炒匀，起锅盛于面条上，吃时拌匀即可。

三丝炒蛋面

制作时间 9分钟

材料 蛋面200克，西芹、三明治、鸡蛋各30克

调料 盐5克，鸡精2克，蚝油10克，老抽5克

做法

1. 将西芹洗净切丝。
2. 三明治切丝。
3. 鸡蛋打散入锅中煎熟后切成丝。
4. 蛋面泡发后入烧热的锅中炒开。
5. 将三丝和调味料加入蛋面中炒至有香味即可。

一番炒面

制作时间 8分钟

材料 面条120克，包菜、豆芽、胡萝卜各30克

调料 圆椒、洋葱、葱各30克，盐、料酒、味精、白糖、生抽、蚝油、香油各适量

做法

1. 圆椒、洋葱洗净切丝。
2. 胡萝卜洗净切丝。
3. 包菜洗净切块。
4. 葱洗净切葱花。
5. 锅中放油烧热，加入已切好的所有蔬菜，再加入面条，猛火快速翻炒至熟。
6. 锅中再调入调味料炒匀，即可出锅装盘。

牛扒炒鸡蛋面

制作时间 25分钟

材料 牛扒250克，菜心100克，鸡蛋面100克

调料 盐、生抽、蚝油、白糖、淀粉各适量

做法

1. 油烧热，放入牛扒煎至金黄色。
2. 菜心洗净。
3. 水烧开，放入鸡蛋面，搅散煮熟，装盘。
4. 油烧热，放入菜心和煮好的面，调入盐炒匀，再调入蚝油炒匀，盛入盘中，放上牛扒。
5. 锅中烧少许水至沸，调入生抽、白糖、淀粉勾芡，淋在牛扒上即可。

大肠炒手擀面

制作时间 10分钟

材料 猪大肠200克，韭黄10克，手擀面150克

调料 盐4克，鸡精3克，蚝油20克，生抽10克，胡椒粉2克，香油8克

做法

1. 猪大肠治净切件；韭黄洗净切段；锅中水烧开，放入手擀面，用筷子搅散，大火煮熟。
2. 用漏勺捞出手擀面，沥干水分，放入冷水中过凉。
3. 锅中油烧热，放入面、猪大肠略炒，加入韭黄炒匀。
4. 调入调味料炒至入味即可。

广东炒面

制作时间 22分钟

材料 面条、五花肉、香菇、木耳、胡萝卜各适量

调料 高汤、酱油、淀粉、盐、鸡精各适量

做法

1. 五花肉洗净切片，拌入酱油、淀粉腌10分钟；香菇、木耳、胡萝卜洗净切片。
2. 面条用油炸熟，捞起盛盘。
3. 起油锅，先炒香菇、肉片、木耳、胡萝卜。
4. 加入高汤、盐、鸡精煮沸，再加淀粉勾芡，淋在面条上即可。

什锦炒面

制作时间 10分钟

材料 面条、肉丝、葱、洋葱、大白菜、香菇、胡萝卜、鱼板各适量

调料 高汤、酱油、淀粉、鸡精、盐、胡椒粉各少许

做法

1. 面条先煮熟，捞出备用；其他原料洗净，香菇泡软切丝，洋葱切丝，大白菜、葱切小段，鱼板切片。
2. 肉丝以酱油、淀粉腌约5分钟。
3. 起油锅，先炒香菇丝、葱段、胡萝卜丝、洋葱丝、大白菜，加高汤稍煮，加肉丝、鱼板、鸡精、盐、胡椒粉，再加入面条拌炒即可。

干贝焖伊面

制作时间 12分钟

材料 干贝10克，金针菇100克，伊面200克

调料 蚝油10克，生抽5克，盐3克，味精2克

做法

1. 干贝泡软后入锅蒸3小时，撕碎备用。
2. 伊面放入沸水中烫熟后捞出。
3. 金针菇洗净。
4. 锅上火，油烧热，放入伊面、干贝、金针菇，加入少许水。
5. 调入蚝油、生抽、盐、味精，焖熟入味即成。

海鲜炒乌冬

制作时间 10分钟

材料 乌冬面、鲜鱿、虾仁、蟹柳、鱼蛋各适量

调料 洋葱、青椒、冬菇、胡萝卜、绿豆芽、盐、糖、生抽、鸡精、胡椒粉、老抽、牛油各适量

做法

1. 青椒去蒂洗净切丝；洋葱洗净切丝；胡萝卜洗净切丝；绿豆芽洗净备用；其他材料洗净切好。
2. 锅中放油烧热，将海鲜过油，捞出；牛油烧热，将洋葱、青椒、冬菇、胡萝卜、绿豆芽炒熟。
3. 锅中再放入乌冬面炒匀，调入剩余调味料，加上已过油的海鲜炒香即可装盘。

台式炒面

制作时间 8分钟

材料 油面、五花肉、虾米、香菇、豆芽菜各少许

调料 韭菜、白菜丝、胡萝卜丝、酱油、盐、高汤、乌醋、胡椒粉各少许

做法

1. 虾米洗净泡水；香菇泡水去蒂；五花肉洗净切丝；韭菜洗净切段；油面以开水烫过，沥干备用；其他材料洗净。
2. 起油锅，爆炒香菇、虾米、五花肉、白菜丝、胡萝卜丝，加入酱油、盐、高汤、乌醋、胡椒粉煮开。
3. 然后加入油面、韭菜、豆芽菜炒匀即可。

炒粉

◆**营养价值**：搭配火腿、蔬菜、海鲜一同炒食，可带来丰富的维生素、矿物质等营养。

◆**食疗功效**：均衡营养、开胃、助消化、强身健体。

选购窍门

◎应选择新鲜、无异味、不过期的米粉及食材进行烹制。

储存之道

◎存放不宜过夜，最好即炒即食。

烹调妙招

◎在烹制米粉的过程中，要不断地用炒勺或筷子搅拌、翻炒米粉，以免粘锅。

三丝炒米粉

制作时间 10分钟

材料 米粉500克，火腿丝100克，葱丝50克，胡萝卜丝100克

调料 盐8克，味精6克

做法

1. 将米粉放入水中浸泡至软。
2. 锅中加油烧热，下入米粉炒散。
3. 再加入火腿丝、葱丝、胡萝卜丝一起炒。
4. 最后调入盐、味精炒匀即可。

南瓜炒米粉

制作时间 10分钟

材料 南瓜、米粉各250克，鲜虾仁、猪肉各200克

调料 葱1根，盐5克

做法

1. 南瓜削皮、切开，去籽洗净，刨成丝；猪肉洗净，切成肉丝。
2. 虾仁治净；葱去根须、洗净，切葱花；米粉浸软，略煮。
3. 油加热，虾仁炒白，盛起，下肉丝炒香，加入南瓜炒匀。
4. 加盐调味，加水煮熟，加米粉拌炒至收汁，再下虾仁、葱花炒匀。